THE MINDFUL SELF

正念自我

肖前国

—

著

论从自我
到无我的可能性

中国广播影视出版社

图书在版编目（CIP）数据

正念自我：论从自我到无我的可能性 ／ 肖前国著
. -- 北京：中国广播影视出版社，2023.4（2025.2重印）
ISBN 978-7-5043-8950-3

Ⅰ. ①正… Ⅱ. ①肖… Ⅲ. ①自我评价－通俗读物
Ⅳ. ①B848-49

中国版本图书馆CIP数据核字(2022)第242308号

正念自我：论从自我到无我的可能性

肖前国　著

责任编辑	李潇潇
装帧设计	元泰书装
责任校对	张　哲

出版发行	中国广播影视出版社
电　　话	010-86093580　　010-86093583
社　　址	北京市西城区真武庙二条9号
邮　　编	100045
网　　址	www.crtp.com.cn
电子信箱	crtp8@sina.com

经　　销	全国各地新华书店
印　　刷	三河市同力彩印有限公司

开　　本	787 毫米 ×1092 毫米　　1/16
字　　数	240（千）字
印　　张	14.75
版　　次	2023 年 4 月第 1 版　　2025 年 2 月第 2 次印刷

书　　号	ISBN 978-7-5043-8950-3
定　　价	69.80 元

序

　　100多年来，心理学对"自我"的大量科学研究在揭示人类"自我"的本质以及促进人类心理健康问题的缓解与治疗方面做出了重要贡献。然而，以笛卡尔的二元主义为哲学基础的自我心理学研究导致人们（尤其是西方的心理学家）习惯于把自我看成一个"实体"（entity），认为有一个可以物化的、恒常的"我"存在，并对这种看法深信不疑。这种深信存在一个固定的自我且不愿意轻易放弃这个信念的现象被称为"存在之瘾①"（Ontological addiction）（Shonin et al., 2013）。尽管西方各种自我心理学的理论与治疗技术能使患者的适应性在治疗结束后获得一定程度的提升，但他们往往又会陷入弗洛伊德所说的"又回到了常见的不快乐状态"中来（Michalon, 2001），使得人们不能成为自发的、自由的、创造性的自我（Ringstrom, 2003）。也许正如Loy（2008）所说："一个有效的解决方法是需要建构一个不存在真实自我的自我感。"于是，不少现代的西方心理学家、认知神经科学家、哲学家开始从强调一元整体论的东方哲学与文化中"寻求答案与出路"。以弗洛姆和铃木大拙等（50多位）精神病学医生和心理学家1957年在墨西哥组织的"禅宗与精

---

　　① 最近有关认知神经科学的研究表明这种对自我存在感的"沉溺"可能与我们大脑的奖赏系统有关。如Northoff等发现自我特异性加工过程与腹侧被盖区（ventral tegmental area, VTA）、腹内侧前额叶皮层（ventromedial prefrontal cortex, VMPFC）等奖赏神经回路间存在复杂的交互作用 Northoff, G.（2011）. Self and brain: what is self-related processing? *Trends in cognitive sciences*, 15（5），186-187.

神分析研讨会"为标志，国际心理学界开始愈发重视对东方的佛学、禅宗的研究，如弗洛姆、霍尼等新精神分析学家试图在佛学、禅学中寻找到对解决现代人深层次的心灵问题具有启发意义的思想和实践方法（Zheng, 2015）。

作为在印度、中国、日本等东方文化中有着上千年实践历史的佛教和禅宗，因其在对自我的认识上有着独特而新颖的视角——主张"无我"（no-self）的自我观，近20来年受到西方众多心理学家、认知神经科学家的热忱关注，并开展了大量的实证研究与临床实践。近20多年来，越来越多的西方学者与科学家逐渐认识到佛教心理学的一些基本理论及其独特的自我调节训练方法——内观冥想训练——不仅对各种心理疾病的治疗以及心理健康的自我调节有着良好的效果，还能促进自我心理功能的整合（Rigby et al., 2014; Rubin, 2013）以及促使自我认知视角的根本性转变（Davis, 1983），从而有助于深化人们对自我本质的领悟，为训练个体放弃对自我概念的"执着"提供了有效的方法（Falkenström, 2003）。这些研究与临床实践表明基于东方佛教正念冥想理念而开发的心理行为训练能促进人们对自我的认识，有助于形成一种新的自我观。但同时研究者又指出：我们不能过度强调某一立场，过度强调佛教心理学可能会导致对自我概念价值的毁损，过度强调精神分析可能会导致对自我稳定性的物化和幻化（Rubin, 1996）。一个有说服力的自我理论需要同时考虑上面两种立场，让个体获得更具灵活性的自我观（Falkenström, 2003）。Markus，Wurf（1987）也曾指出我们应该发展出一个这样的自我概念模型，它既能反映自我的相对连续与稳定的特性，与此同时又能反映出自我概念是动态的、发展变化的这一事实。这些研究提示我们有必要在"实体"自我观与"无我"自我观之间寻找一个良好的融合与整合。《正念自我——论从自我到无我的可能性》一书旨在在自我发展的理论框架下，在充分梳理与整合了东西方自我观的特点与内涵以及有关自我、正念的理论与实证研究的基础上，基于自我发展理论框架提出了"正念自我"（the mindful self）这一新的构念以及自我存在一个从自我到无我的毕生发展向度，正念自我是实现从自我到无我的核心"中介变量"的主要核心观点，并基于心理学视角开展系列实证研究就相关研究假设（观点）加以验证。具体主要内容：

第1章：东方传统文化中的自我观。基于心理学视角阐释儒家、道家、佛家的自我观的思想内涵，概述其自我观的主要特点。具体而言，本章主要阐释孔子、老子、孟子、庄子以及中国佛学/禅宗、现代新儒学有关自我与人格的相关思想观点，指出东方的自我观大体上具有强调自我的社会性、超然性、一元性、"无我性"的特点。

第2章：西方现代心理学的自我观。本章主要通过文献梳理，阐释西方现代心理学体系中不同视角下（精神分析、认知科学、进化主义、人本与存在主义）的有关自我的主要思想观点，概述其自我观的主要特点，指出西方的自我观具有强调自我的主体性、实体性、二元性、"个我性"的特点。

第3章：现代正念与自我寻求。通过文献梳理和理论分析阐释现代正念冥想出现全球化热潮的社会心理动因，并重点梳理了有关正念与人格发展、自我调节、自我认知的相关实证研究，以了解正念对自我概念、结构、功能的积极影响，为正念自我概念的建构提供实证研究基础。同时，指出现代世俗化正念冥想的流行为当今人们在普遍的自我迷茫中的自我寻求、在自我迷失中的自我拯救提供了一个"暂停"的机会与"自我喘息"的空间。

第4章：正念自我的理论建构。本章首先对前3章的内容进行了总结与评论，指出正念自我概念的提出是一次对东西方自我观的尝试性整合，进而重点阐释了正念自我的内涵、理论假设、认知神经基础；比较了正念自我概念与相关自我概念如特质正念的异同以及与自我、无我的关系，并基于自我发展理论框架，提出了正念自我的理论模型。

第5章：正念自我量表的编制。本章主要采用自下而上和自上而下相结合的方法，通过开放式问卷从8个方面对26名正念冥想专家就正念中的自我态度、认知、行为、情感的看法进行了访谈和质性分析，再结合对相关文献的理论分析建构了正念自我量表的维度要素。随后编制了正念自我初始问卷，经过来自正念、人格、心理测量学领域的多位专家的内容效度评估，在修订与完善初始问卷后，采集了有正念冥想经历和无正念冥想经历大学生群体的数据，进行探索性因素分析与验证性因素分析以检验量表的科学有效性。

第6章：自我与正念自我。本章以自编正念自我量表为工具，以大学生为研究对象，开展了3项研究：（1）探究正念自我与人格、自我发展的关系；（2）探究正念自我与心理健康的关系；（3）正念自我的干预促进研究，通过

5 周的正念冥想随机对照干预实验，以探讨正念训练对正念自我品质的促进效果。

第 7 章：正念自我与无我。本章首先从"无我与开悟""正念自我与无我""正念自我的实践模型"三个方面阐释自我、正念自我、无我之间的关系，进而阐释从自我到无我的心理学意涵以及论述从自我到无我的可能性；其次，对本书的主要理论贡献与不足进行了总结与反思。

目 录

第一章

东方传统文化中的自我观

许多哲学家对儒释道三大传统文化中所蕴含的自我观或理想人格思想进行过系统的研究阐述，为现代自我心理学的本土化研究提供了宝贵的参考。本章将简要阐释孔子、孟子、老子、庄子等所代表的原始儒学、道学以及中国佛学中的自我观思想。

第一节 儒家传统的自我观

以"仁"为本的"大我"

儒家文化中的自我本质是以"仁"为本的关系自我（邓球柏，2001；王新民，2006）。因此，儒家文化中的自我概念并不是一个以身体自我为界限的，所指涉的不仅仅是通常意义上的"自己"，而是由个人与他人的社会关系所构建的关系自我，指涉的是"自己人"。这个"自己人"在传统意义上包括"君臣""父子""夫妇""兄弟""朋友"等五伦关系。然而儒家自我的关系并不局限于这五个方面，而是体现在不同的社会群体关系以及"修身、齐家、治国、平天下"这样的家国情怀之中。显然，这种基于社会关系导向的自我观不同于强调独立个体不同层次需求的西式自我观，而是一种包含了"个体—家庭—国家—天下万物"为一体的"大我"观。这种自我观的显著特点是在面对个体与社会群体关系与利益时往往重群轻己、重义轻利；重视个体的行为动机意图，而轻行为效果；同时，强调自我努力进取的重要性（张琼，1992）。总之，儒家的自我内涵是在社会关系与社会角色中不断被定义，并将

"君臣""父子""夫妇""兄弟""朋友"等重要他人、天下黎民百姓逐渐纳入自我概念的范畴加以内化与认同,不断地扩大自我的内涵(魏新东,2017)。中国人自我的这一特点现已得到心理学的实证支持。

自我参照加工研究范式是心理学用来研究自我相关问题的一个经典范式。目前已有大量研究表明中国人和西方人有着不同的自我参照加工模式或机制。所谓的自我参照效应指个体会对自我相关的信息表现出记忆优势效应的现象。朱滢等曾采用自我参照加工范式设计了三项实验,检验中国人的自我概念中是否包括了母亲等重要他人这一个基本观点。其结果表明,中国人与自我有关的记忆测试成绩并不优于与母亲有关的记忆测试成绩,而是处于同一水平。即是说,中国人的自我参照加工和母亲参照加工没有差异,这不同于来自英国人、美国人的研究结果,西方的被试表现出了明显的自我参照加工效应(朱滢,张力,2001)。随后,张力等进一步利用脑成像技术(fMRI)技术在神经水平证实了这一观点,其研究结果发现,当与他人/语义比较时,自我参照激活了内侧前额叶和扣带回;但是,在与母亲比较时的实验条件下,自我参照加工并没激活内侧前额叶,这意味着母亲可能和自我共享这一区域(张力 et al.,2005)。这为母亲是中国人自我概念的一个重要组成部分的主张提供了有力的证据支持。

另一项重要的证据源于对费孝通有关"差序格局"理论的实验检验。"差序格局"主张认为中国人的关系具有差序性,即以自我为中心,然后依据关系的亲疏远近呈现出圈层式的人际关系。国内的心理学研究者同样利用关系自我参照范式对此进行了实证探究。相关的研究结果表明在内隐行为层面和脑电数据层面个体对于与自己关系越亲近的人,越能触发更为显著的关系自我参照效应,并且相关的生理指标和具有内源性心理意义的 N2 和 P3 指标也能反映差序格局中内外圈的人际观特点(马伟军 et al.,2015;郑皓元,2017)。

这些实证研究一定程度了证实了儒家的这种大我自我观。从儒家传统来讲,要实现从个人"小我"到"大我"的转变的关键在于"克己复礼""知耻""好学"和"反求诸己,尽其心""养浩然之气"。前者的主要倡导者是孔子,后者的主要倡导者是孟子。这些都强调了个人努力进取的重要性。然而如若过分强调"克己复礼"以实现"大我"的人格理想,往往意味着对"小我"

的牺牲或压抑。这也是儒家大我自我观往往会受人批判的地方。从理性来讲，儒家的大我观既有其积极的一面，也有其消极的一面。在现代社会里，儒家的"大我"观仍然对新时代我国文化建设具有积极的参考意义，其关键在于要应用辩证统一、整体系统、中道、中庸的哲学观与科学观，用创新、共享等新的发展理念看待与处理好传统意义上的"小我"与"大我"的关系。

以"善"为魂的"创造性自我"

方东美先生富有洞察力地指出原始儒家哲学之根本精神在于"诉之于创造性生命"，认为天的创造力和人的原有价值是体现在《周易》之中的儒家两大基本信条（方东美，2009）。《周易·系辞传》有云：

> 一阴一阳之谓道，继之者，善也；成之者，性也。……显诸仁，藏诸用，鼓万物而不与圣人同忧。盛德大业，至矣哉！富有之谓大业；日新之谓盛德。生生之谓易，成象之谓乾，效法之谓坤，极数知来之谓占，通变之谓事，阴阳不测之谓神。（金景芳，1998）

且这种创造性本质上是性善的，这体现在《周易·系辞传》中：

> 天地之大德曰生，圣人之大宝曰位。何以守位曰仁，何以正人曰义。（金景芳，1998）

更为重要而难得的是儒家将人之价值自然而然地与性本善的原始创造性视为一体，"天人合一"，从而肯定了人本善的创造性价值。《原善》有云：

> 言乎人物之生，到其善与天地继承而不隔者也。（戴震，1956）

这也可以说是儒家性善论的逻辑起点，而性之善德与创造性也贯穿于整个儒家的自我理想人格之发展过程中。孔子在对《周易》中的注释有云：

夫大人者，与天地合其德，与日月合其明，与四时合其序，与鬼神合其吉凶。先天而天弗违，后天而奉天时。天且弗违，而况于人乎？而况于鬼神乎？（廖名春，2008）

首先，儒家的这些思想深刻地"赋予"了人之天然的创造性。《周易》里的"天行健，君子以自强不息；地势坤，君子以厚德载物"更是对此做了最直接而准确的表述。深刻地表达了人应像天一样自强不息，像地一样厚德载物，具有生生不息的充满善德之创造性。我们基于心理学视角将之概念化为儒家的"创造性自我"。按照方东美先生对原始儒学的研究观点来看，儒家的这种富有德性品质的"创造性自我"应该是人的"核心自我"，源于天之"生生"（创造之创造）。然而，儒家所言的"创造性自我"之内涵与西方心理学家阿德勒的"创造性自我"概念的内涵有巨大的差异。在儒家看来人之创造性源于天的生生不息之创造性，是对天之创造性的实践与实现过程。其次，儒家强调这种创造性的实践过程是个人德性修炼与人格发展的过程，是对善与德的把握。因此，儒家的"创造性自我"体现了一种深刻、高尚、纯粹、非二元的"天人合一"的自我生命哲学观。阿德勒的"创造性自我"在某种程度上是对自我的生物决定论和"刺激—反应"的行为主义的反击，提出个体具有能力去克服和解决成长发展中遇到的问题，弥补与超越因为遗传生理缺陷等原因带来的不足与自卑，形成个体独有的生活风格。二者的差别不言而喻。

君子人格——儒家的积极自我观

由于儒家思想强调内在德性乃万物之道，亦是人的内在精神之核心，故而儒家在自我发展问题上侧重基于德性发展的角度理解自我发展。现代学者普遍认为儒家对人格或自我发展的理解有三层境界：士人、君子、圣人，并形成了"内圣外王"的独特的理想人格模式。也有学者如方东美先生指出儒家不同的代表者对人格或自我发展的理解也有细微的差异，如荀子将人格或自我的发展区分为"小人""士人""君子""圣人"四层境界，而孔子将之区分为五层境界:"缺乏自我意识的普通人""受过教育的士人""具备仁、智、勇的君子""德性杰出之人""难以达成之圣人,此所谓'若圣与仁,则吾岂敢'"(《论语》)。另一个差异在于孔子似乎并没有提出圣人的标准,并且孔子认为世人难以成为圣人,而孟子、荀子则认为圣人是一种至高至尚的现实自我,而不是虚幻的理想人格。

何为"君子"?学者一般认为儒家之君子有三个标准:仁、智、勇。这在《论语》《中庸》里有明确的表述:

> 君子道者三,我无能焉:仁者不忧,知者不惑,勇者不惧。"子贡曰:"夫子自道也。"《论语》
>
> 智、仁、勇三者,天下之达德也。《中庸》

关于儒家君子的标准,有学者还专门进行过系统的研究梳理,概括出了君子的十三条标准:仁、义、礼、智、信、忠、恕、勇、中庸、文质彬彬、和而不同、谦虚与自强(汪凤炎,郑红,2008)。王国良认为儒家君子具有自强不息[1]、独立意志、以义为上、立己立人、和而不同、身正忠信、民贵君轻等重要内涵品质,这些品质体现在个体、社会、政治三个不同的层面(王国良,2015)。也有学者认为君子的最高境界体现为"中庸之道"(廖建平,1995)。《四书训议》有云:

> 唯君子也,则体中庸之德于心,而修中庸之道于天下,则中庸之统在君子矣。"

除此之外,也有学者采用词汇学假设,探讨了儒家君子人格结构的现代心理学内涵,通过因素分析得到了君子人格的四因素结构,包括社会性维度、践行维度、中和维度和统合维度。其中社会性维度包括"仁义道德"和"德智兼备"两个子因子;践行维度包括待人之道"和"克己之道"两个子因子;

---

[1] 作者认为先秦儒家将个体依靠自己的有为进取精神视为成就君子人格的唯一途径,这是理解儒家君子自我特征的关键所在。

中和维度包括"和谐处世"和"刚柔并济"两个子因子;统合维度反映君子的理智、情绪和意志的统合(许思安,张积家,2010)。尽管对于君子的内涵品质要素与标准的探究目前还没有形成共识,但上述所提及的君子内涵品质,从现代的积极心理学视角来看,儒家君子人格的探究无疑是现代积极人格研究的历史典范。黄玉田、汪凤炎更是直接提出了《周易》之君子人格即是现代积极心理学所倡导的积极人格的观点(黄雨田,汪凤炎,2013)。对于儒家君子人格的养成,儒家特别强调自我努力(反身修己)、自我体悟(尽其心,知其性,善养浩然之气)、自我决定的积极作用。

儒家君子人格养成过程,本质上是对君子人格内涵的具身认同过程。具身道德理论强调身体经验及身体与环境的相互作用对道德概念与认知的形成、道德判断与道德行为的积极作用。大量研究表明,肮脏的环境或刺激的黑白呈现方式、光线的明与暗都会对个体的道德判断产生影响(Liljenquist et al.,2010;Zhong et al.,2010;陈潇 et al.,2014)。另外,道德自我认同理论认为道德自我认同是道德人格的核心,也是预测道德判断与行为的核心变量。因此,从现代具身道德心理学视角来看,君子人格的养成关键要通过系列具身体悟获得对君子内涵的自我内化与认同。现代的一些实证研究也初步证明了这种思路与方法的有效性。如有研究表明对个体进行短时的正念冥想练习能显著地调节道德判断的具身厌恶效应(李俊萱,2018)。事实上,儒家的思想里也体现了这样的理念与思路,如《系辞传》有言:"君子安其身而后动,易其心而后语,定其交而后求。君子修此三者,故全也。"

第二节 道家传统的自我观

以"道"为本的自我观

在老子与庄子看来，"道"是世界万物的根本，万物之始源。"道"是超越一切存在者或存在物的，是一切存在的法则与原理，又是人存在的方式（杨国荣，2021），也是其自身存在的原因。"道"存在于一切现象之中，但又不以任何可见、可言的形式囿于任何具体的存在物或存在者之中。此可谓"道可道，非常道"。因此，"道"的本质是"无"（杨寿堪，2019），超出了人们的感官经验，无法直观地感知到它的存在。人这样一个有限的存在者只能看到无限之"道"的"恍惚"面相（秦平，2017）。

"道"乃万物之始源，根本。故而人，更准确地说，"婴儿"亦乃"道"的产物与化身，具有宁静、淡泊、质朴等特点（陆建华，2021）。此老子所谓："含德之厚，比于赤子"；"我独泊兮，其未兆，如婴儿之未孩"（王弼注，2008）。在老子看来，婴儿并不是柔弱无助的象征，他们的心理状态与行为表现完全是对"道"的彰显。处在婴儿阶段的个体完全是"顺其自然"地活着或存在着，他们没有过度的欲望，对外界的渴求仅仅是为了满足自然的需要。当基本的生理与心理需要得到满足后，他们就能安然自得地处于一种宁静自在的、和谐的存在状态，与世无争。这与西方心理学，尤其是精神分析心理学家们对婴儿心理与行为的解读视角存在很大的差异。如个体主义心理学家阿尔弗雷德·阿德勒认为人类或婴儿先天就是无力、无助、自卑的。这种自卑感会成为个体成长的基本动力，通过补偿，追求卓越。用现代心理学视角来看的话，道家的先天自我观是完全的积极主义的自我观。很多西方心理学家则对人性持有较为消极的看法。如儿童精神分析学家克莱因的理论认为婴儿早期的主观世界中充满着焦虑、攻击、抑郁等消极情感特征,婴儿不仅具有先天的攻击性,也对外界充满着格外的渴求,如全能感满足。相对而言,老子的"婴儿自我"则是表达了一种天然的、无私的、平等的自我观,是故老子言:"圣人不仁,以百姓为刍狗。"(王弼注,2008)

以"真"为魂的精神自我

在道家看来,得道之人乃真人也。何为真人?庄子在其《大宗师》里曰:

> 何谓真人?古之真人,不逆寡,不雄成,不谟士。若然者,过而弗悔,当而不自得也。若然者登高不栗,入水不濡,入火不热。是知之能登假于道者也若此。
>
> 古之真人,其寝不梦,其觉无忧,其食不甘,其息深深。真人之息以踵,众人之息以喉。屈服者,其嗌言若哇。其耆欲深者,其天机浅。
>
> 古之真人,不知说生,不知恶死;其出不䜣;其入不距;翛然而往;翛然而来而已矣。不忘其所始,不求其所终;受而喜之,忘而复之。是之谓不以心捐道,以人助天。是之谓真人。

可见,庄子所谓之"真"乃遵道之本真。即能遵从而不违背天之真理、天之大道而生活、而行动。所谓真人乃"道法自然"之人也。这样的人凡事都能顺其自然,无为而为。他们不会为追求外在物欲或肉欲而累身伤神,不会因错失良机而后悔不已,过着无为、无欲的生活,达到了"吾丧我"之境。

对于道家的真人理想人格之说,应该是得到了学界的共识。崇尚实证主义的心理学者对此进行了基于词汇学假设的实证研究。如涂阳军、郭永玉教授通过因素分析法探究了道家人格的内涵与结构,通过对四个不同年龄样本的探索性因素分析和验证性因素分析,得到了一个由一阶十因素,二阶"真""伪"二因素的道家人格结构(涂阳军,郭永玉,2014)。

"无为自在"——道家自我的现实遵照

无为、无欲的生活追求以及"吾丧我"的境界并不是一种消极避世的人生态度,而是悟道之真人对"道"的现实遵照或者说是"行为准则"。首先,无为不是现代流行语"躺平"之意,也不是指无所不为,而是指不妄为,不人为。人为者"伪"也。而是顺其自然,遵道而为。故此夫子曰:所谓无为为之之谓天,无为言之之谓德(李耳,2013)。无欲亦不是指禁欲,而是指不"纵欲"。在老子和庄子看来,欲望是有害的。故而老子曰:"罪莫大于可欲,祸莫大于不知足。"庄子也劝解人们要"不以好恶内伤其身,常因自然而不益生也。"然而不少世人对此有误解的可能原因在于大多数人混淆了"需要"和"欲望"这两个概念的内涵。

关于需要与欲望的区别与关系,拉康的"需要—需求—欲望"分层理论对此做了深刻的阐释。[①] 人的需要是个体生物性或精神性匮乏或身心状态的自然失衡状态。需要总会指向具体的缺失对象,一旦获得某种特定对象,需要则得到满足。如早期的婴儿,甚至胎儿能通过母亲及时地获得需求的自然满足。当他们的需要满足后,他们就能处于安然自得的状态。因此,在老子看来,这样的婴儿是有需要而无欲望的。然而,在现实生活中婴儿的自然需要往往难以得到及时的满足,于是婴儿就会产生基本性的焦虑感,对照护者就提出了"需求"或产生了"我要"的"要求"。拉康认为,婴儿面对基本需要的缺失而产生的焦虑,个体对需要本身的需要以及对满足这些基本需要的要求会出现象征性分离。在这里,欲望得以无意识产生。欲望的生长本质上反映了个体对正常需要的缺失的焦虑与恐惧。用拉康自己的话来说,"欲望是缺失的转喻"(拉康,2001)。所以欲望的对象是充满焦虑与恐惧的"缺失感",而不是正常需要所指向的具体需求对象,如奶汁。因此,拉康认为从这个角度来讲,充满象征性的欲望是无法被满足的。或者说试图通过欲望的满足来

---

① 关于拉康的欲望理论的解读,可参阅张一兵.(2005)伪"我要":他者欲望的欲望——拉康哲学解读.学习与探索(3),5.一文。在本文中,张一兵教授指出"需要"向"欲望"是通过"需求"这一中间环节而实现的。

获得心灵的满足与安宁是徒劳的，是不可能的。在老子看来，这样的欲望不仅仅无法满足，而且是有害的。"罪莫大于可欲，祸莫大于不知足"（王弼注，2008）。

由此，我们便能更好地理解老子的婴儿理想人格以及无欲的内涵了。摆脱了欲望的控制，遵照无形之大道过无为而为的生活，就能达到"吾丧我""忘我"之境。"吾丧我"不是指自我的丧失，而是悟道后对使人困顿、烦恼、痛苦的，过度追求外在欲望的满足的世俗之我的丢弃，以自由精神的面目存在（罗安宪，2013）。从而达到"独与天地精神往来，而不傲悦于万物之境界。"

第三节　佛家传统的自我观

以"空"为本的"无我"

缘起性空与无我

"缘起性空"是佛教的理论根基，它认为世界的万事万物都是普遍联系的，彼此互为因果、互为条件，没有什么事物或现象可以永恒独立存在，包括自我意识等心理现象。对于自我，佛教心理学认为"自我"只不过是人们的（色、受、想、行、识）五蕴聚合的产物，并不存在一个永恒不变的自我实体，因而提出了"无我"的自我观，并把人们习惯性的认为存在的那个自我称为"假我"。然而不幸的是，不少人，包括不少学者（尤其是一些西方学者）对"无我"的理解（由于他们的理解往往停留在二元的离身认知论层面，而非具身的认知体验层面——笔者注）存在很多的误解（Hoffman，2008）。佛教心理学的"无我"概念容易带给人们的一个错误印象，认为"无我"会导致自我的解离、没有自我觉知或缺乏活力。然而事实与之刚好相反。佛教禅修的核心是深度的觉知训练，以消除静态的自我概念系统对流动的觉知世界的消极影响。因此，佛教心理学非但没有否定个体的基本感知、思维能力，相反认为它能有效地提升我们的认知能力。当一个人通过一定的正念觉知训练对自我的无我本质有了一定的体验和领悟后，他会对其身心活动以及对外在世界的认知有更精细的觉知与注意，从而对这些现象产生更为全面的、整体性的觉知和理解（Epstein，1988）。佛教说"无我"只是为了指出诸行无常，以破除人们的"我执"以及由于我执产生的诸种痛苦（彭彦琴 et al.，2013），并不是对个体人格的直接否定（Immergut & Kaufman，2014；Mu，2010；陈兵，2008），而是期望人们能通过禅修冥想练习从自我是永恒的、自治的假设与概念中获得领悟与分离（Mu，2010）。其次，佛教的"无我观"也不否定"假我（自我）"的社会心理功能。"无我"作为一种关于自我的本质看法，是希望人们能从一个更广阔而深层的角度看待"自我"现象以及由此产生的各种烦恼。关于佛教的"无我"与"假我（心理学意义上的自我）"及其功能的关系，可以用"轿车"的隐喻来加以说明。"假我（心理学意义上的自我）"就好比"轿车"。一辆轿车并不是一个可以独立存在的实体，它只是一大堆各种零件组装成的一个集合体，我们把它称之为轿车。同样地，佛教心理学认为自我在本质上也是不能独立存在的，它作为一个实体被否定了，但佛教并没有否定自我的社会心理功能。就好比汽车不是一个可以独立存在的"实体"，但我们也不否定它的承载运输功能一样。因此，很重要的一点是无论是何种"自我观"，从本质上讲它的出现都是（至少在理论层面上是）为了促进个体（内外）的适应与发展。

"无我"并非"无"我

也许正是由于"无我"自我观容易导致人们产生误解，为便于人们的理解，以龙树为首的大乘佛教理论大师根据缘起性空思想发展出了中道主义哲学思想，倡导"中观学"的自我观——自我即"非存在，也非不存在"。龙树菩萨的主要主张见于《中论》，其核心思想即在《中论》第一品第一颂的"八不偈"中："不生亦不灭，不常亦不断，不一亦不异，不来亦不出。"以及第二十四品《观四谛品》中的"众因缘生法，我说即是空。亦为是假名，亦是中道义。"尤其是第二十四品的《观四谛品》可谓一语道破全书要义（丁福保，2015；蓝吉富，1994）。"我说即是空"一句中的"空"是存在于认识层面上的以言语表现出来的知见，这种空并非绝无之空，而是众生在缘起本性意义上的无自性。"亦为是假名"一句中的"假"是给事物假以名称或概念，故曰"假名"。由于理论上一切缘起性空，本无实体，因此各种名称、概念上的"有"都只是现象学意义上的"假有"。"亦是中道义"一句中的"中"是为联系"空"与"假"的相即相离的关系而作的全面的辩证观察。因其无自性才"假有"，因为是"假有"故而才是空。这样看缘起论，既不着"有"（实体的有），也不着"空"（虚无的空），此乃"亦是中道义"也。另外，在佛教里，还有一个与"假我""无我"相关的概念——"真我"。佛教的"真我",又称"大我",是佛教人格所能达到的最高境界(刘佳明,郑发祥,2013)。《涅槃经》有云:"说言诸法无我,实非无我,何者是我,若法是实、是真、是常、是主、是依性不变易,是名为我。"这里的"真我"并非心理学层面上的自我存在感或真实自我之意,而是指涅槃所具之八自在的真实之我。《涅槃经》卷二十一云:"涅槃无我,大自在故,名为大我。云何名为大自在耶?有八自在,则名为我。"具体来讲,这"八自在"是指佛陀通达无碍的八种带有神秘色彩的。《涅槃经》第二十三卷(大正第十二卷第五〇二页)将之表述为:

（1）一多自在。如来能示一身为多身,现微尘身(如众多微尘的无数身)。（2）小大自在。从小若一尘,大至充满三千大千世界,可自在变化。（3）轻重自在。轻举可飞于空中,身重亦无碍。（4）色心自在。可随众生之机,而现无量形,虽住于一土,他土一切亦悉可照见。（5）六根自在。如来一根能具六根,且可使六根自在。（6）得法自在。如来之心无得想,故得涅槃。自在之故,而得一切法。（7）说法自在。如来演说一偈之义,虽经无量劫亦无尽。（8）令见自在。如来遍满一切诸处,如虚空。自在之故,可照见一切。

——《佛教哲学大词典》

同样,所谓"真我""大我"亦不过是假名,并非实有,不同于其他宗教所说的最高我、神我等概念。如此才不落于二元对立的法执。正如《大般涅槃经》卷十六云:"涅槃之性实非有也,诸佛世尊因世间故,说言是有。因此,真我的实质仍然是无我,所谓"真我"亦只不过是一个假名,而真正的涅槃境界是不可言说的(惟海,2006)。即是说,真我、假我或者无我,都只是为破我执而设立的言辞概念,根据众生的根基不同,而说的不同方便之法(郑小璐,2014)。总之,佛教的无我观,尤其是中道主义的无我自我观,是假我与真我的辩证统一的自我观(彭彦琴 et al.,2011;郑小璐,2014)。既主张一切现象在本质上是无我性空的,同时又不否认假我的社会心理功能。假我不仅是实现无我真我的前提,也是实现无我真我的基础,如果没有了假我的经验，就无法在虚无缥缈的自体上觅得"真如本性"。如果没有这个假我作为感受的主体，就没有行为无常的感受，亦不会有解脱自由的感受（刘佳明，郑发祥，2013）。总之，佛教心理学的无我自我观本质上是"假我""真我""无我"辩证统一的自我观。

第二章

西方现代心理学的自我观

　　自我（self）作为西方心理学的核心概念之一，其研究历史已经持续了一百多年。由于不同心理学流派往往从不同视角来理解与研究自我，对自我的理解存在较大差异。因此，在现代西方心理学的历史中，形成了诸多有关自我的概念、理论。首先，从自我的描述来讲，不同心理学家从不同角度提出了不同的自我概念。如 James 从主客体视角将自我分为物质自我、社会自我和精神自我三个维度。从与时间关系维度，自我又分为过去自我、现在自我和将来自我。从与人或社会的关系角度，可以将自我分为个体自我、关系自我和集体自我等。但纵观自我的研究历程，大致分为两个主题：即把自我作为"主宰者"的研究和把自我作为"知觉对象"的研究（杨中芳，1991）。当个体进行自我思考的时候，如"我了解我自己"，此时包涵两个成分：一是思考的主体，即"我"（而非"他人"）在主动地了解自己；二是被思考的客体，即被了解的是"我自己"（而非"他人"）。前者即为主我，指自我中积极地知觉、思考的部分；后者即为宾我，指自我中被注意、思考或知觉的客体。

　　总体而言，自我是一个复杂的结构，虽然心理学家进行了不懈的努力，对其认识也逐步加深，但仍面临许多困难，对许多问题的见解也存在着巨大分歧。在现代社会中，自我被认为是一个复杂的、多维度的概念。人们总是在用各自的方式去精心"打造"一个自认为正确的"真实自我"，从而以形成一种叙述性的自我认同（Mcadams，2001）。虽然如此，研究自我的心理学家却都承认社会环境在自我建构中的作用。本章将分别就精神分析、认知与神经心理学、生物与进化主义、人本与存在主义心理学的自我观进行概要性的述评。

第一节 精神分析视角下的自我观

精神分析运动的发展史是一段不断分化与整合的历史，主要表现在它内部的各种理论模式之间以及不同发展阶段与外部诸多学科之间的相互吸收与融合（郭本禹，2007），其内部整合主要表现在对自我模式的理解上，即从早期的强调性本能的"本我—自我—超我"的自我模式向克恩伯格的客体关系理论、科赫特的自体理论以及米契尔的关系理论等方向的多元发展（郭本禹，2007；郭本禹，陈巍，2012）。精神分析的目标也更多地从早期弗洛伊德时代对原始驱动力与冲突的分析转向了对丰盈而真切的自我认同感的建立（Suler，1993）以及对关系的强调上来，强调在良好的母婴关系中发展稳定自体的重要性（Masterson，2001；Ng，2015）。另外，当代精神分析思想的另一个重要转折是与后现代的联合。这进一步促使了精神分析自我观向多重性甚至是一元化的方向转变（Pizer，2014）。也许正是这些转变促使了精神分析和佛教心理学之间的对话，并且这种对话变得日渐密切而深入。总之，随着精神分析自身不断的发展，其主张的自我观也逐渐从"结构化自我"的动力分析转向对多元"关系自我"的关注。

一、早期的结构主义自我观

在精神分析心理学中，最经典的结构主义自我观是弗洛伊德 1923 年在其《自我与本我》一书中提出的"本我—自我—超我"人格结构模型。从人格动力与功能结构的角度来讲，人格的本我、自我、超我三个部分既相互独立，又相互联系。它们各自遵循着不同的工作原则、行使不同的使命。

本我（id）乃本能之我，是人格结构的基础，与生俱来，并完全处于无意识冰山之下，由先天的本能、欲望所组成的能量系统，弗洛伊德称其为力比多。弗洛伊德认为本我是无意识、非理性、非社会化和混乱无序的。本我主要遵循快乐原则，通过反射活动、愿望满足两种方式来满足自身的各种需要。由于婴儿早期的语言能力、认知能力发展的局限性，使得婴儿只能通过幻想、意象、象征性的方式来满足其无意识的愿望，缺乏逻辑性、因果性以及时空观念。因此，在弗洛伊德看来，本我是非理性的，充满着各种被压抑的冲动、冲突的能量。

自我（ego）是人格的意识部分，是本我的社会化部分。虽然本我向来只遵从快乐原则，我行我素，只管满足其本能的快乐，但现实社会是不会被允许的。因此，个体为了适合社会，不得不遵循现实原则来满足自身的需要。现实原则是对快乐原则的修正，通过发展认知、思维等能力以延迟满足本我的需求。因此，自我就扮演着一个重要的协调者的角色，协调处理好本我的欲求与现实社会的规则与限制间的冲突。这就需要自我要具备良好的识别能力、协调组织能力。其中一个很重要的能力就是现实检验的能力，能区分自我与非自我或现实的界限，能识别与区分本我的欲求、愿望和社会现实之间的关系，并能协调处理好二者间的冲突，如通过延迟满足或自我认同、或压抑的方式来维持内外的相对平和。否则个体就会产生痛苦或受到现实社会的惩罚。

超我（above I）是自我的道德化部分，代表了社会规范、道德要求以及来自父母教育的内化。超我主要遵循道德原则行使三个功能：一是监控与指导自我的活动，二是抑制本我的冲动，三是完善自我，成为理想自我。

弗洛伊德认为人格的这三个结构之间既相互依存、又相互独立且存在一定程度的相互对立，难以和谐相处。弗洛伊德曾用"一仆三主"来生动地比喻自我与本我、现实、超我之间的艰难处境。本我、现实、超我各自的力量都很大，自我往往难以协调，因而心理问题由此而生。

二、后期的关系主义自我观

关系主义的自我观主要是客体关系理论对自我的理解。客体关系理论是在精神分析的理论框架中探讨人际关系，尤其是婴儿与母亲早期的关系，如依恋关系的质量是如何影响个体的人格形成与发展的一种理论取向。客体关系理论认为人类有建立和维持关系的根本需要，有彼此接触的需求。所有人类的行为和体验都是关系的衍生物。婴儿从一出生就跟母亲有一种关系，这些关系充满客体关系的基本元素（克莱因，2016）。

客体关系理论认为婴儿在与母亲的互动中，会形成不同的"内部工作模式"，进而形成不同的人际互动模式与人际观。他们认为婴儿早期形成的人际互动模式或人际观对个体有十分深远的影响。这得到了大量有关早期依恋关系的研究的支持。研究发现早期（1岁）的依恋关系能预测后期不同时期的人际关系和爱情关系。在1岁时被归类为不安全的个体在20多岁的恋爱关系中往往会经历和表达相对更多的负面情绪（Simpson et al., 2007）。在童年依恋关系中学会的关爱可能会延续到成人的浪漫关系中。有研究表明成年男性和女性普遍表现出与其父母（尤其是同性父母）相似的照顾特征。个体自身的依恋模型、伴侣的依恋模型和照料模型共同预测了关系的功能，但即使将伴侣的依恋模型和照料模型考虑在内，个体自身的依恋模型仍然具有很强的预测能力。这支持了早期依恋和关爱模式对后期关系有深远影响的观点（Carnelley et al., 2010）。不仅如此，早期的依恋类型还会影响对下一代的照料与互动。有研究探讨了回避型依恋与夫妻第一个孩子出生后的育儿经验之间的关系。一项研究就106对夫妇在他们的第一个孩子出生前6周和出生后6个月进行了一系列的评估。正如预期的那样，逃避型依恋的父母在孩子出生后经历了更大的压力，他们认为养育孩子的满足感和个人意义更小（Rholes & W., 2006）。

第二节　认知与神经科学视角下的自我观

一、有关自我概念的研究

在认知心理学的研究中，自我（概念）被看作是动态的、能调节个体内在心理过程（如信息加工、情感、动机）与外在人际过程的解释性的认知结构（Markus & Wurf, 1987），其研究主要围绕着自我图式（self-schemas）——自我有关的认知结构或心理表征（Markus, 1977）；自我概念，如"可能自我"（Hamilton & Cole, 2017; Markus & Nurius, 1986）——被视为个体自我认同的核心理论；自我概念清晰度（self-concept clarity）（Butzer & Kuiper, 2006; Crocetti & Dijk, 2016）——关注自我概念的内容与组织方式；自我（参照）加工过程等丰富的主题而展开。认知心理学作为现代科学心理学的主流代表，对自我的研究自然也坚持了客观的科学主义立场，把自我作为客体并试图通过研究外在刺激与行为的操作与变化来理解自我加工过程，包括知觉的整合能力，自我的认知与情感加工过程等方面（Northoff, 2011）。这些研究背后的一个共同假设是把自我看作是一个客体，认为存在一个"客体自我"，并强调维护与提升良好的"自我概念""自我价值感"的重要性。这些研究表明自我作为一个心理（神经）构念，有着心理内容（如对自己角色的认知）和心理机制（如自我反思能力）两方面的构成要素，是一个人拥有的一簇具有重大意义的心理品质（Pageler, 2016），它在一个人的生存、发展、适应过程中扮演着不可或缺的多重重要角色。

认知心理学关于自我的研究也让我们看到了自我的另一面，即自恋、自我中心化、自我认同的"易感性"和"顽强性"等消极面。基于认知心理学视角的大量研究表明，这种实体性的、中心化的自我会导致以"自我服务"

为目的偏离性动机，如自我提升动机（self-enhancement motive）、自我验证动机（the self-verification motive）。其中自我提升动机是希望得到有关自我积极方面的信息而丢弃或忽视消极自我的信息；自我验证动机是寻求与自我相一致的信息的倾向性。这些自我服务动机往往会对个体的自我调节产生不利影响，尤其是对那些有心理问题的人们而言，这些自我服务动机会让他们更可能倾向于认同或回避负面的自我概念（Giesler & Swann, 1999），而自我经验的回避、概念性自我的认知融合被认为是导致绝大多数心理问题的核心病理模型。

二、有关自我加工过程的研究

近年来认知神经心理学也采用不同的研究范式和技术手段开展了大量有关自我的研究。不过目前该领域的绝大多数研究工作集中在对自我的心理表征层面的理解上（Smith, 2017），即主要集中在把自我作为一个客体（self-as-object）来开展相关的研究工作。这些研究也得到了一些重要的发现。如有大量研究表明大脑里存在自我加工的神经相关物，如边缘系统、皮质中线结构（VMPFC, DMPFC, Precuneus）、外感觉运动 / 侧面（extero-sensorimotor/lateral regions）（Northoff et al., 2011）。Sui 与 Gu 还基于有关自我的认知神经科学研究成果，提出了自我（作为客体）的神经模型（A Neural Model of the Self as Object）（2017）。该模型认为自我的"运行"涉及三个脑区网络——核心自我网络（如内侧前额叶皮层）、认知控制网络（如背外侧前额叶皮层、后颞上沟）以及情感网络（脑岛、杏仁核、纹状体）。然而对是否在认知神经层面存在"自我"这个问题的看法上，不同认知神经科学家有着不同的看法。如 Dehaene（2014）认为在我们的大脑里没有一个"我（I）"在大脑里看着（现实）生活中的"我们"。他认为全域工作空间理论模型中的"观众"隐喻并不是指我们头脑中的"小人"，它们只是一簇接收与处理各种信息的无意识处理器。我们的智力源于这些无意识处理器对广泛的相关信息的交换。尽管如此，Smith（2017）认为经验性自我仍然可视为构成意识信息通达与整合的一个整体性的系统或机制。由此可见，现代认知（神经）科学对"自我之谜"的研究探索依然任重道远（Gillihan & Farah, 2005）。就目前的这些研究结果来看，认知科学的主流思想仍然强调了自我的客体可知性、认知结构性、社会功能性等基本主张。

一般认为自我加工常常涉及两个脑区网络，分别是由中线皮质结构（Cortical Midline Structures，CMS）组成的默认网络（Default Mode Network，DMN），以及主要位于额顶网络的镜像神经元系统（Mirror Neuron System，MNS）。DMN 的核心区域主要包括内侧前额叶（Medial Prefrontal Cortex，MPFC）、后扣带回（Posterior Cingulate Cortex，PCC）、左右顶下小叶。DMN 的激活往往都与个人的自我聚焦、内省有关。具体来讲，主要参与自我内省、自我情感、个人特质的感知判断以及自我参照加工，还涉及对个人未来的规划、过去的回忆等与自我功能有关的神经表征（Uddin et al., 2007; 周鹏，2015）。有研究认为基于自我心理层面的觉知是依赖 DMN 中的 CMS 完成的，而基于自我身体层面的觉知则依赖偏侧化的额顶网络。有学者认为脑岛对于 DMN 与 MNS 之间的联系可能比较重要。因为脑岛主要负责内感受刺激处理加工的过程。D'Argembeau 等（2011）进一步证实了自我认知加工中存在腹内侧前额叶（VMPFC）与背内侧前额叶皮层（DMPFC）的功能分离。他们发现，在进行自我判断时，被试对判断结果的确定性水平与背内侧前额叶皮层关联，而呈现的人格特质词对被试自我概念的重要性的判断却与腹内侧前额叶存在关联（D'Argembeau et al., 2011）。吴小勇的研究表明，相对于自我抽离视角的自我参照加工，自我浸入视角参照加工导致腹内侧前额叶区域（位于布鲁德曼 10 区）激活，而相对于自我浸入视角参照加工，自我抽离视角的自我参照加工导致背内侧前额叶皮层区域（位于布鲁德曼 8 区）激活。其进一步的分析认为腹内侧前额叶系统激活反映了具有情绪性特征的信息加工，而背内侧前额叶皮层则反映了更具有认知性特征的信息加工。这种功能上的分离的观点印证了自我浸入视角和自我抽离视角所描述的认知加工特点，前者更容易增强情感体验，而后者则更倾向于认知整合（吴小勇，2012）。

已有的自我认知神经机制研究表明，大脑的不同区域如腹内侧前额皮层、背内侧前额叶皮质与自我加工的不同方面有关。如研究表明腹内侧前额皮层主要与自我觉察和自我表征存在关系（Amodio & Frith, 2006）。腹内侧前额叶皮质较多支持默认模式下的自我加工、自我信息的觉察和"在线"自我加工，背内侧前额叶皮质主要参与有意识的自我参照加工、自我信息的评价和"主导的"自我加工（杨帅 et al., 2012），涉及自我参照的评价与自我相关的重估（Zysset et al., 2002）。不仅如此，自我相关的加工还存在群体差异。如研究发现相对于他人特质判断，佛教僧人的自我特质判断并没有增加腹内侧前额皮层（VMPFC）的激活，但是增加了背内侧前额叶皮层（DMPFC）和前喙扣带回 ACC、左侧前额叶 / 脑岛皮层的激活。作者认为这是佛教僧人的无我修炼导致了腹内侧前额皮层（VMPFC）对自我相关刺激神经编码的弱化。佛教僧人的自我参照加工表现出对无我—自我倾注思维的冲突监控的特点（Han et al., 2010）。

总之，自我加工过程是一个十分复杂的过程，受到与自我相关的诸多因素的影响，如自我威胁状态的感知。有研究发现当自我概念的稳定性受到威胁时，人们可能会采用消极的认知加工机制如记忆忽视加工，或积极的加工机制如自我免疫加工机制作为自我保护的手段来加以应对。记忆忽视加工是一种对消极自我相关信息予以忽视的选择性记忆，以达到让自我免受伤害的目的，其加工的范围主要是涉及中心特质中的消极特质以及那些不可塑的特质。自我免疫加工是一种不否认、不忽视真实信息的自我保护机制，体现出对消极信息的策略性加工与接纳（陈燕，赵晨鹰，2009）。

第三节　人本与存在主义心理学的自我观

世界上最早的人本主义与存在主义的思想发源地在中国，其主要的代表人物是老子（Schneider & May，1995）。老子在《道德经》中著述了很多极其深刻的人本主义与存在主义思想，如我们熟知的"道可道，非常道""道法自然""无为而为""上善若水"等观点。现代西方的很多人本主义、存在主义心理学家如荣格、马斯洛、罗杰斯、弗洛姆等都不同程度上受到老子、庄子道家思想的影响，甚至一些西方的心理学学者直接用道教的思想与理论指导他们的咨询工作，如 Knoblauch 在咨询中就引用了道家的"顺其自然"等思想。在这里，我们主要对西方人本主义、存在主义心理学的自我观进行简要的梳理。

Hoffman 等认为早期的人本主义心理学，如马斯洛、罗杰斯对自我的看法主要有三点：（1）把自我看作是一种可以变化的而非固定不变的存在（being）过程（Hoffman et al.，2014）。（2）自我是经验性的（the self is experienced），如自我感、真我，而不仅仅是认知构念，如自尊。（3）自我是一个"代理人（agent）"。现代的一些研究者进一步发展了人本主义的自我观，如 Polkinghorne 把认知自我、人际自我、经验自我作为更大的健全自我的一部分（Schneider，2002），使得他们对自我的认识与理解越来越接近于东方文化对自我的理解。总体来讲，人本主义对自我的理解是把自我看成是能动的、积极向上的统一体（王敬欣，2001），把人看作是一个整体的人的存在，重视人的价值、尊严与潜能，把自我看作是一个自我实现的过程，一个不断创造的过程（朱浩，2011）。然而，西方的人本主义也没最终摆脱西方文化下的二元主义的、自我中心主义的"小我"自我观。所以晚期的马斯洛、罗杰斯开创了超个人心理学，以期能超越西方文化中的中心化的自我观。在他们自己回过头看来，人本主义心理学的"自我"是十分渺小、狭窄、孤立而封闭……很容易导向自我崇拜和自我中心的轨道中（车文博，1999）。这也许是当代存在主义心理学得以不断兴盛的一个潜在原因。

　　虽然在过去相当长的一段时期里，存在主义心理学不被视为一个独立的心理学流派，但现在的存在主义心理学，尤其是英国的存在主义心理学，在吸纳了包括道家、佛家在内的东方存在主义的思想与智慧的基础上已经发展成了心理治疗与心理咨询领域中最富生命力的一股力量，成为了整合东西方文化中的存在心理学资源的重要推动力量（孙平，郭本禹，2015）。存在主义心理学家认为人类在本质上是一种"自为存在"（being-for-itself）（Sartre，1946）或者"在世存在"（being-in-the-world）。这种存在是一种难以用语言描述的作为一个人的整体性存在，既包含物质性的，又包含精神性的，既有主观性的，又有客观性的（叶浩生，1991）。通过对比分析当代西方，尤其是英国的存在主义心理学的基本观点，我们会发现它与东方尤其是佛教心理学的诸多观点具有相似性或一致性。这一点可以在孙平、郭本禹关于存在主义心理学区别于其他流派的三个基本原则的介绍中得以反映。这三个基本原则分别是：（1）"关联性原则"——"我们对世界、他人，乃至自己的反思与觉察以及经验性的理解全部源于一种不可还原的关联性"；（2）存在的不可预知原则——"如果真知与意义产生于瞬息万变的在世关系体验中，那么我们就无法完全预知或控制自身或他人的存在"；（3）存在性焦虑——每个人都会面临的一种最根本的恐惧（Spinelli，2013）。这与佛学的"诸行无常""诸法无我""诸漏皆苦"等基本主张是相似的。同时，存在主义心理学家认为理想的治疗目标是引领来访者从自欺中"醒来"，进而与他们生活中的两难、变化与痛苦达成和解，领悟到存在性焦虑的意义，在接纳生活局限的基础上去追寻有限的幸福和自由（孙平，郭本禹，2015）。这也与佛教强调的自我觉知、自我觉悟、自我觉醒的主张也是相一致的。

　　总之，人本主义心理学作为西方心理学史的"第三势力"，它在心理学的发展中取得了多方面的革命性成就，如承认人的存在性体验的重要性，同时批判了僵死的方法论等（布勒，1990）。正如布根塔尔所说："人本主义心理学是西方心理学史上的一场重大的突破，也是人关于自身知识的一个新纪元。"同时，我们也能看到人本主义心理学，尤其是后期的人本主义心理学、超个人心理学以及当代的存在主义心理学在力图突破二元主义的实体自我观的过程中所做的努力。因此，在很大程度上也可以说，人本主义心理学、存在主义心理学"把自我看作是一个积极的行动者，一个自由与自我决定的存在过程"的主张就是在东方一元整体自我观和西方二元对立的自我观之间做出的一种整合，亦或说是对西方个人主义文化的一种现实"妥协"。因为毕竟现代西方（尤其是早期）的人本主义心理学中的自我观与中国道教等传统文化中所倡导的人本主义以及存在主义自我观是有实质性的区别的，这些区别主要有两点：一是中国道家倡导"天人合一"——人与社会、自然和谐共存——的"大我"自我存在观。这有别于西方早期的以自我价值为中心（如自尊）的"小我"自我观；二是中国道教强调"无为而为"，这也与西方人本主义的"自我实现"——人生的目的是成为真正的自我——的价值导向有本质的区别。但无论如何，西方人本主义与存在主义的自我观逐渐表现出与东方自我观的交融与整合的特点。

第三章

现代正念与自我寻求

第一节 正念冥想研究概述

一、冥想与正念

"冥想"（Meditation）一词是对佛学经典中的"*samādhi*"（巴利文）的翻译，意思是指把心聚焦并保持在某个特定的单一对象上（Olendzki，2009）。在 20 世纪 60 年代，西方的一些临床心理学家如 Kabat-Zinn 将东方文化中的冥想作为一种可选的治疗技术引入西方的医疗体系中，随后被逐渐引进到了心理学的临床实践与科学研究中。目前心理学界对冥想究竟是什么似乎尚未形成统一的定义（任俊 et al.，2010）。一般认为冥想是以一种特殊的注意训练为基础的身心自我调节练习（Cahn & Polich，2006），其核心本质是"有目的地集中注意力于个体内心的某种对象或体验上"（Shapiro et al.，2010）；也有研究者认为冥想是包括身体放松、呼吸调节、注意聚焦三个阶段的综合性的心理与行为训练，这种训练有助于个体建立一种特殊的注意机制，从而达到心理上的整体提升（姜镇英，2000；任俊 et al.，2010）。

为更好地实现冥想练习的可操作性与标准化，不少研究者探讨了冥想的操作性技术指标。Cardoso 等认为冥想的操作性技术指标应包含如下几个参数：（1）特定的技术——主要指有清晰的定义和定期、常规性的练习，如静坐呼吸练习；（2）在冥想过程中，涉及肌肉放松训练；（3）必要的思维放松（logic relaxation）训练——主要指对整个冥想练习过程的"不分析""不判断"的意图以及"不期待任何结果"的意图；（4）自我诱导性（self-induced）——是指参与者在接受指导后，能自行在家里进行练习；（5）自我聚焦技术或锚定技术（self-focus skill）——把注意力集中于某个特定的对象，如呼吸（Cardoso et al.，2004）。Cardoso 等认为自我聚焦技术或锚定技术与思维放松练习这两个环节是冥想练习最为精妙的地方，通过把我们的注意力聚焦在呼吸或某个特定的对象上，以此作为锚点就能让冥想者不陷入散乱的心智游离中去。随后，Bond 等也进一步通过 5 轮——德菲尔法提炼出了冥想的入选/排除标准：（1）特定的技术，（2）思维放松，（3）自我诱导，（4）心理生理放松，（5）使用自我聚焦技术或锚定技术，（6）意识的改变，特殊体验，思维的开悟或禅定，（7）宗教/心灵/哲学环境，（8）心灵的寂静体验（Bond et al.，2009）。他们认为前三个是核心标准，后五个是重要标准。为避免冥想操作性定义中存在的问题，Schmidt 基于现代心理学框架，建议从注意调节、动机、态度、环境因素（包括坐姿、是否闭眼、有无指导、时间、地点、团体/个体）四个维度来描述冥想（Schmidt，2014）。

尽管冥想是一种以特殊的注意训练为基础的身心自我调节练习技术，但在具体的练习过程中也有不同的做法，即有着不同的冥想类型。早期的一些研究者把冥想分为两大类——"聚焦式冥想"（concentration meditation）和"正念冥想"（mindfulness meditaion）。聚焦冥想强调对具体注意对象的专注、聚焦；正念冥想往往又简称为"正念"，它强调开放和接纳，要求冥想时以一种知晓、接受、不作任何判断的立场来"内观"冥想者当下整个心理活动，让心理活动自由地流动（Cahn & Polich，2006；任俊 et al.，2012）。也有研究者将其分为正念冥想（Mindfulness）、咒语冥想（Mantra）、气功、太极和瑜伽五大类（Ospina et al.，2008）。最近 Dahl，Lutz 和 Davidson 将冥想练习分为三大家族：（1）注意类冥想（attentional meditation），如注意聚焦冥想、开放监控冥想等；（2）建构类冥想（constructive meditation），如慈悲冥想、自我慈悲冥想等，其中建构类冥想又可分为关系定向冥想、价值定向冥想、感知定向冥想；（3）解构类冥想（deconstructive meditation），又分为客体定向冥想，非二元定向冥想等亚类（Dahl et al.，2015）。他们认为建构定向冥想的练习能通过对练习者不良自我图式的觉知、监控等认知过程重构新的自我概念，而解构类冥想的主要目的是通过自我的不断质询与探索去洞察意识经验的本质。从国内外的研究现状来看，国内早期关于冥想的研究主要集中在体育、医学与公共卫生领域对太极、气功、八段锦、五禽戏等动态性冥想的积极身心效应的研究。而国外的医学、心理学界近二十年来研究得最多的冥想形式是正念冥想。

二、现代心理科学框架下的正念

在心理学的研究中，"正念"被西方学者从庞博精深的佛学理论体系中抽取出来进行了去宗教化的科学改造，按照西方心理学的语境对该术语的内涵进行了心理学式的解读与重构。在当代的心理学研究中，"正念"对应的英译术语是"Mindfulness"，得益于学者 Rhys Davids 早期（1881 年）对大念处经（Mahasatipatthana Sutta）的理解，是对巴利语"sati"的英译。"sati"来源于动词"sarati"，指"想起来"（to remember）的意思，但不是指"记忆"，而是指"觉知当下"的意思（Scott R. Bishop et al., 2004）。在 20 世纪 50 年代左右，正念这一术语在一些冥想实践练习中逐渐被人们所熟知（Gethin，2011）。[①] 国内目前普遍翻译将"Mindfulness"翻译为"正念"，早期一些研究者翻译为"心智觉知"。由于正念冥想主要强调对个体自身的身、受、想、识保持时时的觉知、观照，同时为了尽可能地体现该领域研究的去宗教（佛教）化色彩，一些学者建议将正念冥想译为"内观"或"静观"。从中外的历史文献来看，笔者认为将"sati"译为"mindfulness"和"正念"是最为恰当和准确的，体现了历史的传承性和一致性。

尽管目前（尤其是西方国家）掀起了一股"正念冥想"的研究与练习热潮，但学界对于正念的内涵仍缺乏清晰而统一的界定，存在明显的混淆（Harrington & Pickles, 2009；Mikulas, 2011），甚至是存在一定程度上的"误解"——过于窄化或泛化佛教中正念的含义。比如有些研究者将正念看作一种心理过程，一种结果，一种（或一组）心理调节方法（Hayes & Wilson, 2003）；也有研究者将正念视为一种倾向性或心理特质，或认知能力。为此，不少研究者围绕正念的内涵进行过专题述评，如 Kudesia, Nyima 整合了佛教与当代西方认知科学对正念的理解，把正念定义为一种精良的元觉知（meta-awareness）状态，这种状态不是散漫的认知状态或

---

① Gethin 对"mindfulness"这个术语的起源、内涵的发展与演变进行了系统的述评，具体请参考 Rupert Gethin. (2011). On some definitions of mindfulness. Contemporary Buddhism, 12(1), 263–279.

过程，而是全然地注意并接纳于当下的目标对象（如呼吸、身体感受、想法）的状态。同时他们认为倾向性正念是一种随时都清楚一个人生活的真正目的并以此为行动指南的态度，而不仅仅是注意到当下所发生的每件事情，更重要的是能够随时把非评判的觉知带进当下正在发生的每件事情中去的意图和态度。其中最关键的是要能积极地把获得开悟 [1] 的意图作为指导与调节行为的手段（Kudesia & Nyima，2014）。尽管如此，对于正念的理解，人们使用得比较广泛的一个定义是指对当下（此时此刻的自我经验）的一种有目的的、非评判的、开放的（接纳的）注意与觉知。然而，对于正念到底包含哪些核心要素，目前仍没有达成一致的见解。如 Germer 认为正念包含三个核心元素：觉知、体验当下、接纳（Germer，2004）。Bishop 等认为正念有两个最关键的因素：注意的自我调节和经验定向。注意的自我调节涉及两个认知控制过程：注意的调节和意识流的监控。经验定向主要涉及好奇心的态度和接纳的态度——对自身有关的经验的接纳（Scott R. Bishop et al.，2004）。Kudesia 和 Nyima 认为正念有三个要素：得以提升的元觉知（heightened meta-awareness）、散漫性认知的降低（decreased discursive cognition）和目标定向的注意力调节（goal-based attention regulation）。但是有学者认为把正念视为一种元认知是一种"误导"（Brown & Ryan，2004）。因为元认知属于思维范畴，而正念强调的是对当下经验的全然的觉知 [2]。可见，在现代心理学框架中，不同学者对正念的内涵有着不同的解读。这些不同的解读还体现在对正念外延的扩展上。如 Nilsson 认为正念不应该仅仅被定义为增加个体的身心平衡，也应该包含人们的社会性（如慈悲）和精神性（存在性体验—意义寻求）维度，这样才更有助于人类健康

---

① 此处的"开悟"二字主要指通过研究性学习、沉思、冥想等方法逐渐降低认知过程的主—客体二元性，从而认识到（recognized or realized）根本性存在的一元的、非参照性觉知（non-referential awareness）的特性。——作者注

② 对于正念与元认知的关系问题，目前存有较大的分歧。一些学者认为正念不同于元认知，而有的学者则认为元认知是正念的基本特性 Wells, A. (2000). Emotional disorders and metacognition: Innovative cognitive therapy. Journal of Psychiatric & Mental Health Nursing, 9(2), 246–247. , 或者认为正念在本质上属于一种高层次的元认知觉知 Jankowski, T., & Holas, P. (2014). Metacognitive model of mindfulness. Consciousness and cognition, 28, 64-80. 。不过有实证研究发现正念觉知与元认知具有中等左右的正相关（r=0.51）Supervisor, R. C. M., & Kormi-Nouri, R. (2009). Are Metacognition and Mindfulness related concepts? School of Law Psychology & Social Work.

的整体性提升（Nilsson，2014）。但是心理学对正念的不同理解也引起了一些佛学学者们的质疑与担忧。如 Dreyfus 认为把正念界定为对当下的非评判的觉知的做法是危险的，他认为这样的定义并未完全把握住传统佛学中正念的本质（Dreyfus，2011）。但不管怎样，值得肯定的是现在越来越多的人逐渐认识到，正念作为一种冥想练习的结果或状态，不是某种神秘莫测的东西，而是一种常见（但重要）的能力（Bergomi et al.，2013b）或心理品质。正念不仅仅是一个医学与心理学的减压工具与技术，而且为我们在（理解）世俗身体痛苦与精神痛苦之间搭建起了联结，为我们现代的卫生保健提供了一种智慧（Lewis，2016）——一种平等的、去（低）自我中心主义的、深度接纳的、平和而向善的人生态度与存在主义哲学。

从上述的分析可以看出，在正念冥想的心理学研究中，学界还未厘清正念的心理学内涵，对正念概念的使用也一定程度上的混淆。这种混淆表现为：在不同的语境中正念有着不同的含义，比如在临床与干预治疗中，正念是指以自我觉知与注意力训练为核心的冥想过程与方法；在有关的理论研究中，正念往往被视为一种积极的心理品质或人格倾向性。为避免概念上的混淆不清，我们对正念、正念冥想做一个简单的区分，正念冥想指以自我觉知与注意训练为核心的冥想练习方法（技术）与过程，正念指通过这种冥想练习而得以形成的一种心理品质或倾向性。

三、正念的测量

到目前为止，西方学者已经研究发出了多种用于测量正念状态、正念效果的测评工具。段文杰根据各个量表所测量的内容，总结了国外 10 种测量工具，并将其分为状态取向、能力取向、认知取向和特质取向四大类（段文杰，2014），见下表 3-1[①]。

---

① 图表引自：段文杰.（2014）.正念研究的分歧：概念与测量.心理科学进展（10），1616—1627.

表 3-1　正念的测量工具

测量工具	维度［题目数］	研究者
弗莱堡正念量表（Freiburg Mindfulness Inventory, FMI）	当下能够正确辨识的注意［12］；对自己和他人不评判、不评价的态度［7］；对负面心理状态的开放性［7］；面向过程地有洞察力的认识［4］	Buchheld et al.（2001）
正念进意觉知量表（Mindfulness Attention Awareness Scale, MAAS）	正念［15］	Brown & Ryan（2003）
肯塔基州觉知量表（Kentucky Inventory of Mindfulness Skills, KIMS）	观察［12］；描述［8］；有意识地行动［10］；不评判地接纳［9］	Baer et al.（2004）
五因素正念量表（FiveFacet Mindfulness Questionnaire, FFMQ）	观察［8］；描述［8］；有意识地行动［8］；不评判地接纳［8］；对经验的不反应［7］	Baer, Smith, Hopkins,Krietemeyer, & Tontey（2006）
多伦多正念量表（Toronto Mindfulness Scale, TMS）	好奇［6］；去中心化［7］	Krietemeyer, & Tontey（2006）
体验问卷（Experiences Questionnaire, EQ）	去中心化［11］	Fresco et al.（2007）
正念认知与情感量表——修订版（Cognitive and Affective Mindfulness Scale--Revised, CAMS -R）	注意［3］；当下关注［3］；意识［3］；接纳/不评判［3］	Feldman et al.（2007）
南安普顿正念问卷（Southampton Mindfulness Questionmaire, SMQ）	正念［16］	Chadwick et al.（2008）
费城正念量表（Philadelphia Mindfulness Scale, PHLMS）	意识［10］；接纳［10］	Cardaciotto et al.（2008）
正念问卷（Mindfulness/ Mindlessness Scale, MMS）	新异性寻求［6］；新异性产生［6］；参与性［5］；灵活性［4］	Haigh et al.（2011）

　　这些量表中，CAMS-R、MAAS、PHLMS 将正念看作一种个体倾向性、人格特质，试图通过一种简单、综合、通俗易懂的方式来诠释正念。KIMS、FFMQ、EQ 将正念看作是一种能力或技巧，其背后的假设是这些能力或技巧通常会出现在正念训练的各个环节中，通过一定的练习能使参与者获得相应的能力和技巧。认知取向的正念测量工具主要有 SMQ、MMS。然而，有研

究发现这些量表的信效度比较低且不稳定。状态取向的正念测量工具目前主
要有 FMI、TMS。FMI、TMS 将正念看作是一种在个体内部或个体之间表现
出来的具有差异性的心理状态或心理属性，可以通过持续不断的练习来培养
或改变（Brown & Ryan，2003）（有关正念测量工具的详细介绍可参考段文
杰 2014 年的文章）。

在这些量表中，MAAS 是一个由 15 个题项组成的单因素量表，该量表将
正念看作是一种个体倾向，一种类特质变量。该量表采用了更为简单、综合、
通俗易懂的方式来诠释正念的内涵，并认为能够通过适当的教育和干预手段
促进这些类特质的形成与提升。另外，研究表明该量表可以同时适用于冥想
者与非冥想者群体，并且拥有较好的区分效度（Bergomi et al.，2013a；段文杰，
2014）。SMQ 是由 16 个项目构成的单因素量表，被认为比较适合用于调查
心理健康与正念觉知的关系（Bergomi et al.，2013a）。关于正念量表的进一
步发展，Bergomi 等针对 FMI、MAAS、CAMS-R、SMQ、KIMS、FFMQ 和
PHLMS 几个量表进行了综合性研究，发现这些测量工具主要涉及 9 个维度：
（1）观察——对当下经验的注意，（2）觉知化行动（acting with awareness），
（3）非评判，（4）自我接纳，（5）经验暴露接纳的意愿，（6）对经验的非自
动化反应，（7）对自我经验的去认同化（non-identification），（8）对经验的
洞察与领悟，（9）描述、标记（Bergomi et al.，2013b）。Bergomi 在已有这些
正念量表的基础上开发了正念综合调查量表（the Comprehensive Inventory of
Mindfulness Experiences，CHIME）（Bergomi et al.，2013b）。该量表是一个包
括 37 个题项，8 个因素的 6 点自评量表，8 个因素分别是：（1）内在经验的觉知；
（2）外在经验的觉知；（3）有觉知的行动；（4）接纳、非评判；（5）去中心化
定向（不反应）；（6）经验的开放性；（7）想法的相对性；（8）洞察性的理解。
可以说，该量表是基于"数据驱动"得到的研究结果。

尽管研究者研发出了多种适用于不同情境和目的正念测评工具，但如
何更为准确有效地测量个体的正念水平仍然面临着诸多问题，如冥想练习者
与非冥想练习者在对正念量表题目的语义理解上可能存在较大的偏差。这种
语义偏差不仅仅表现在量表题目上，还表现在对"觉知""判断""当下"等
概念的内涵的理解上。因此有无训练经历会对相关正念量表中的题项的理解

和解释有重要的影响（Grossman，2008），而且有研究者发现针对很熟练的冥想练习者，短时间的重测都能在一定程度上改变一些正念量表如 FMI 的因素结构，这表明短时的集中训练就能影响对正念量表题项的理解。因此，Grossman（2008）认为很难说正念的自陈量表测验法能准确地测量正念。另外，来自脑成像的研究表明不同的正念量表所测量的对象涉及不同的脑活动区。如 Zhuang 等开展的脑成像研究表明 MAAS 的得分与右侧楔前叶灰质的增加密切相关，主要涉及自我觉知的认知加工过程，而 FFMQ 主要与前额叶、顶下小叶的多个脑区有关，涉及情绪调节、注意控制、自我觉知等认知加工过程（Zhuang et al.，2017）。

三、正念冥想的临床心理学研究

近年来，西方已开发了不少基于正念冥想练习的心理治疗方案或技术，也因此被认为正念冥想带来了认知行为疗法的第三次浪潮（Fairfax，2008），极大地促进了认知行为治疗技术的发展。近年来，国内也有不少研究者对基于正念的各种心理治疗、干预教育方案进行了介绍并开展了不少干预与治疗实践与研究工作。目前常见的比较成熟且备受关注的正念疗法主要包括：正念减压训练、正念认知行为疗法、接纳承诺疗法、辩证行为疗法等。

20 世纪 70 年代，美国麻省大学医学院的 Kabat-Zinn 博士开始运用正念冥想进行了疼痛与压力管理的临床干预实践与研究，并在此基础上创立了正念减压疗法（Mindfulness-Based Stress Reduction，MBSR）。MBSR 采取的是连续 8 到 10 周每周 1 次的团体训练课程形式，每个团体一般不超过 30 人，每次进行 2.5 到 3 小时集中的指导练习和相关主题的讨论，如正念减压的机制与原理。该疗法的另一个特色是在第六周进行一整天约 7 至 8 小时的全程止语正念禅修。从训练的形式与内容来看，MBSR 的主要练习单元包括：身体扫描练习；静坐冥想练习（观呼吸、观感受、观念头）；行禅（带着正念觉知的行走）；每日正念活动（把正念的觉知带入日常生活中，如正念吃饭、正念洗澡等）（Baer, 2003）。在整个练习过程中，MBSR 强调：（1）不评判地关注当下自己的感受；（2）对自己有耐心；（3）相信和信任自己；（4）体验（活在）当下——只是觉察和感受当下，而不去强求或期望达成到某个训练目标；
（5）接纳——无条件地感受并接受生活中的所有体验与感受；（6）放下——
鼓励释怀/放下过去以及对未来的不切实际的幻想（周洁，2014）。由此可见，
MBSR 的训练内容主要强调通过对认知、态度两个主要方面的内容的调节或
训练达到情绪调节或治疗的目的。

正念认知行为疗法（Mindfulness-based Cognitive Therapy，MBCT）是
由 Teasdale 等人在传统的认知行为疗法中融入了正念减压疗法的一些基本
元素而发展起来的主要用于抑郁症的复发治疗的心理疗法（熊韦锐 & 于璐，
2011）。从该疗法的内容来看，主要涉及 5 个治疗单元：（1）正念的介绍，让
患者了解与确认负性自动思维模式；（2）鼓励参与者理解日常生活中的心理
反应模式以及理解基于正念的反应模式的特点；（3）通过观呼吸等正念冥想
技术训练患者的正念觉知能力；（4）体验当下以减少负性的反刍思维过程；
（5）体验对自我身体感觉、情绪感受的接纳；（6）培养自我慈悲的态度（Fresco
et al.，2011）。MBCT 的理论基础是正念注意控制训练（详细内容可参阅
Segal et al.，1996），其基本假设是认为抑郁复发源于抑郁情绪与负性、自我
低估、无望的思维模式的联结，从而导致认知与神经水平的变化。Teasdale
等认为如果抑郁患者能从抑郁发作过程获得学习，如觉知到负性思维与负性
感觉并允许这些负性思维的存在从而摆脱反刍性的思维加工过程，那么抑郁
复发的风险将会降低。于是 Segal，Williams，Teasdale 等就整合了贝克的认
知行为疗法和 Kabat-Zinn 的正念减压疗法发展出了 MBCT。因此，MBCT 的
焦点是要指导个体增加他们对其思维与感受的觉知，并让他们以一种更广阔
的、去自我中心化的视角去看待他们的思维与感受，让患者试图将其视为心
理事件而不是自我或者是对现实准确的必然性反应（Teasdale et al.，2000）。
正念认知治疗不同于传统的认知疗法的一个最大区别在于，正念认知疗法不
像传统认知疗法那样去找出被试的不合理的、负性的思维与信念，而是采用
"去中心化""认知去融合"等技术帮助来访者去观察、探索自己的各种想法
和念头，"拉开"来访者与他/她的各种想法的距离，让来访者领悟到"想法
不等于事实"，从而减少对负性思维的反刍以及减轻由思维反刍产生的各种负
性的情绪体验。大量研究表明，正念认知疗法对于焦虑障碍、社交恐惧、一

般门诊问题等身心疾病都有着较好的疗效（石林、李睿，2011）。MBCT 的治疗效果及其机制也得到实证的支持，如研究表明正念觉知、自我慈悲（self-compassion）的态度以及认知去融合是 MBCT 产生治疗效果的一些重要机制（Kuyken et al.，2010）。

另一个融入正念技术的认知疗法是接纳与承诺疗法（Acceptance and Commitment Therapy，ACT）。ACT 是一种以功能性语境主义、关系框架理论为哲学理论基础同时融入了正念技术的新一代认知行为治疗（Hayes et al.，1999），在国际上受到了高度的认可和应用推广。近年来，国内一些研究者和研究团队（比如 中科院祝卓宏教授带领的团队：王淑娟 et al.，2012；张婍 et al.，2012）针对该疗法开展了一系列的临床应用与培训推广。根据关系框架理论（Relational Frame Theory），ACT 认为人类的心理问题来源于关系能力的普遍缺失，并主要表现为 6 大基本相互作用的过程，其核心可概括为心理僵化（Hayes et al.，2006）。ACT 认为心理僵化的病理性模型包含 6 个过程，分别是（图 1.1[①]）：（1）经验性回避，（2）认知融合，（3）概念化过去与恐惧化未来的主导，（4）对概念化自我的执着，（5）缺乏明确的价值观（lack of values clarity），（6）不作为、冲动或持续性回避（具体介绍可参阅：Hayes et al.，2006；曾祥龙 et al.，2011；张婍 et al.，2012）。

针对上述 6 个核心的病理过程，ACT 提出了降低心理僵化的治疗模型，即心理灵活性模型（见图 1.2），也包括 6 个关键治疗过程：（1）接纳（acceptance）：帮助来访者建立一种积极而无防御的态度拥抱各种经验，鼓励来访者不要回避他 / 她过往的各种经验。（2）认知去融合（cognitive defusion）。所谓认知融合（fusion）是指个体陷入其想法之中并受其想法支配的现象。认知去融合，又称认知解离，是要让来访者"退后一步"去观察他们的各种想法，拉开与各种想法之间的距离，不陷入想法的浪潮中去，从而达到调整思维、想象和记忆功能的目的。（3）情景化自我（self-as-context）：改变来访者关于"自我概念"的认识，通过相应的隐喻练习和心理教育让来访者领悟到他们头脑中的自我概念或自我概念网络 / 系统并不是对他们现实

---

① 引自：Hayes,S.C.,Luoma,J.B.,Bond,F.W.,Masuda,A.,&Lillis,J.(2006).Acceptance and Commitment Therapy:Model,processes and outcomes.Behaviour Research & Therapy,44(1)，1–25.

自我的真实反映，从而把来访者从他们的"头脑中解放出来"。（4）体验（活在）当下（being present）：鼓励来访者将注意力放在当前的情景与正在发生的事情上，而不是去重点关注头脑中的过去与将来，或者沉浸在头脑中的各种概念、语义关系中。让来访者学会以一种非评价的方式感受当下真实的生活。（5）澄清价值观（value）：鼓励来访者在自己的生活和专业领域寻找对自身来说有价值和意义的生活方向。（6）承诺的行动（committed action）：帮助来访者将价值观落实到具体的短期、中期、长期目标实践中去。Hayes 等认为 ACT 的治疗目标是增加个体的心理灵活性，即增加个体充分接触当下的能力——正念觉知力以及灵活地对待当下情境中产生的各种心理反应的能力，同时鼓励来访者在具体情境中坚持或改变行为以服务于有价值的行为目标（Fletcher & Hayes，2005）。

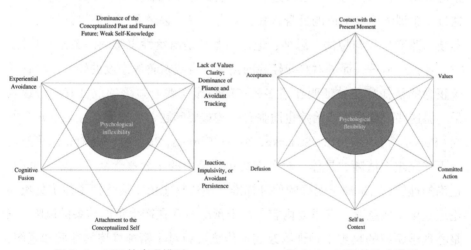

图 3-1 ACT 的病理模型   图 3-2 ACT 的治疗模型

　　除此之外，还有一些研究者结合正念冥想技术开发出了针对一些具体心理问题的治疗方案。如 Avants 和 Margolin 以佛教的八正道为框架，提出了心灵自我图式治疗（the spiritual self schema therapy）（Avants & Margolin，2004）。Schwartz 等人将正念技术与认知行为疗法结合起来，设计出强迫症的四步疗法（Four Step Method，FSM）（Schwartz & Beyette，1997）。FSM 的四个核心步骤包括：（1）重贴标签（Relabel）；（2）重新归因（Reattribute）（如强迫意念与冲动不是"我"）；（3）重新聚焦（Refocus）——转移注意力，转向对强迫意念的观察；（4）重新评价（Revalue）。在此基础上，美国加州大学洛杉矶分校的焦虑研究所又进一步将正念、暴露与反应阻止法以及 FSM 技术与药物结合起来发展出了正念行为疗法（Mindfulness-based behavioral therapy, MBBT）用以治疗严重的强迫症，结果显示 MBBT 对那些对传统疗法没有反应的严重强迫症患者有较好的疗效（Gorbis et al., 2007；东振明 et al., 2016）。

第三代认知行为疗法更强调情景与症状的联结性，强调用体验性的改变策略补充直接的认知说教性的策略，旨在寻求建立更宽广、更灵活有效的应对方式而不仅针对狭窄的心理认知过程进行工作（Hayes, 2004）。基于正念的第三代认知行为疗法促进心理健康的作用机制主要有：（1）觉知——通过正念训练提升个体的具身自我觉知力；（2）去融合——通过认知去融合等技术改变自我与想法、思维、记忆，尤其是与负性思维间的关系与功能；（3）经验接纳——促进对自我经验的接纳、自我友善等态度的转变。尽管基于正念的认知疗法被证明在诸多领域的临床实践有显著的或良好的治疗效果，但这些干预训练或治疗也面临着一些重要问题，主要表现在如下几个方面（Purser & Loy, 2013；Senauke, 2013；Titmuss, 2013）：一是对正念冥想定义不够完整、清晰、具体，对东方文化传统中的正念概念缺乏完整、全面、正确的理解；二是缺乏明确的伦理标准。现代冥想由于简化掉了传统冥想的伦理立场（如慈悲）等重要内容，其干预练习存在产生负面结果的风险；三是心理学领域的冥想干预训练改变了传统冥想对于精神修炼的性质和意图，对传统冥想中关于贪嗔痴的转化意图缺乏明晰的理解。比如心理学框架的正念治疗技术强调不评判的觉知，这可能导致被动性、持续的压抑等后果，其关键原因在于心理学框架下的正念疗法缺失了转化个体贪嗔痴的干预治疗模块。总之，现代冥想研究的批评者认为现代冥想对佛教心理学的概念存在误解或不恰当的使用。

第二节　现代正念实践与自我寻求

在近 10 年里，经过科学改良后的各种冥想练习广受西方社会各界、各阶层的追捧，一时掀起了一股巨大的"冥想热潮"，其兴盛程度远超过当前的东方世界。为此，有研究者还专门调查了这些人接触冥想、禅修的动机，将这些练习冥想的主要动机归纳为四个方面：（1）为了身心健康与幸福（wellbeing）。许多受访者（31.05%）提到了使用正念冥想作为增强工具，如增加幸福感，更高的自我意识，更好的表现，更好的专注力；（2）情绪调节，减少负面情绪体验。大多数回应（94.74%）提到开始正念冥想应对或减少负面经历，尤其是包括压力、焦虑、恐慌和抑郁；（3）自我体验与探索；（4）自我转化 / 超越——期望获得开悟，或是为了宗教 / 灵性体验（Pepping et al., 2016）。

从相关研究文献来讲，正念与自我的研究主要涉及如下主题：正念与自我慈悲（K. D. Neff, 2003）；正念与自我接纳（Carson & Langer, 2006; Dryden & Still, 2006）；正念与自我认知（Britta K Hölzel et al., 2011）；正念与自我调节；正念与自我意识（Evans et al., 2009; Ghorbani et al., 2010）；正念与人格（Crescentini & Capurso, 2015b）；正念与自我建构（Dahl et al., 2015）；等等。

一、正念与人格

目前正念与人格的研究主要体现在如下几个方面：（1）探索倾向性正念（dispositional mindfulness，DM）与人格特质间的相关关系。早期的研究发现大五人格的神经质与正念存在较高的相关，而负性情感、尽责性、积极情感与正念呈在中度相关。正念和宜人性呈中度正相关，开放性经验和正念呈低度正相关（Giluk, 2009）。最近 Hanley（2016）采用五因素正念量表探讨了倾向性正念 DM 与大五人格之间的典型相关关系，研究发现 DM 的总分与人格的每个维度都有显著的相关，具体表现在 DM 与神经质存在显著的负相关，与尽责性存在正相关；自我觉知与开放性正相关。但是国内的研究者针对戒毒人员开展的相关研究并没有发现正念与尽责性、神经质、开放性有显著的正相关，仅发现大五人格的尽责性、外向性、宜人性、神经质与正念的去中心化维度显著相关。神经质和开放性与好奇心显著相关（Lee & Bowen, 2015）。（2）探讨人格因素在正念冥想训练中的作用与机制。如 Hurk（2011）等探索了正念冥想技能（使用 KIMS 量表）对人格改变的中介效应。其研究表明观察、有觉知的行动等正念冥想技能在正念练习与不同的人格因素间有显著的中介效应。另一些研究也表明正念特质对某些行为具有显著的预测性，如 Evans（2009）等发现特质性正念冥想的非评价判断维度、非反应维度能显著预测困难实验任务中的坚持性。但有趣的是，研究发现大多数人格因素并未能在正念减压训练和焦虑、抑郁情绪的缓解中起到显著的调节作用（Nyklíček & Irrmischer, 2017）。除此之外，最近的一些研究表明正念是理解与帮助治疗边缘性人格障碍的一个重要因素，通过正念技能的训练能帮助边缘性人格障碍来访者降低冲动行动或冒险行为（Emiral & Eğeci, 2017）。

二、正念与自我认知

目前，正念与自我认知加工层面的研究主要表明在如下几个方面：正念冥想与自我加工方式，如正念自我关注方式（mindful self-focused attention）与反刍性自我关注（ruminative self-focused attention）方式的比较干预研究。反刍式自我关注被认为是一种适应不良的思维模式，其主要特点是对消极事件及情绪进行过度的抽象性分析与思考，沉湎于其中难以自拔。这种自我关注方式会延长和强化负性情绪并且与更多病理性的精神心理问题有关，如自我伤害、饮食障碍、药物滥用等（Nolenhoeksema et al., 2008）。这种沉思不同于反省深思（reflection pondering），也不同于正念式自我关注。反刍性自我关注被认为是一种非适应性的应对策略，后二者都被认为有助于问题的解决、促进积极心理的发展（Watkins，2008）。不少研究表明通过基于正念的自我关注方式（解离性的观察与觉知）能显著降低健康个体与临床患者的心理症状。如有研究者将 40 名边缘性人格障碍患者随机分成正念自我关注组和反刍自我关注组（分别进行 8 分钟的相应训练），然后进行痛苦忍受任务的测试，其结果发现相比反刍自我关注组，正念组在痛苦忍受任务中持续的时间更长，并报告了更低水平的愤怒倾向性（Sauer & Baer，2012）。Mckie 等邀请了 32 名非临床被试参与偏执诱发探测实验，结果发现随后进行正念自我关注训练的小组的偏执水平有显著的降低，而进行反刍自我关注训练小组的偏执水平没有显著降低（Mckie et al.，2017）。这些研究表明正念冥想干预训练能有效改变个体的自我关注加工方式。

正念冥想能显著地影响自我参照加工过程。有研究表明即使是短期的正念训练就能向下调节自我参照的认知加工过程与心智游离过程（mind-wandering）。Tang 等认为这种自我觉知的转变是正念冥想产生积极心身效应的一个主要机制，甚至有研究者指出对当下经验的一种非自我参照的加工过程可能是正念潜在的元认知加工机制，具有去认同、去中心化、元觉知和与接纳等特点（Hadash，Plonsker, et al.，2016）。另外，还有研究表明冥想练习能使长时间的非自我参照中心的加工过程自由地、自发地通过额叶腹侧通道，而腹侧区与创造性、洞察力和适应性的直觉加工密切相关（Austin，2014）。这与一些行为实证研究的结果是一致的，如 Ie, Haller 等的研究表明特质正念与较高的模糊性容忍成正相关，并且正念水平高的个体更倾向于采用启发式策略而非算法策略解决问题（Ie et al.，2013）。

三、正念与自我慈悲

Neff（2003）在分析了一系列有关高自尊的消极心理功能之后，结合佛学的慈悲思想与正念的内涵，提出了自我慈悲（self-compassion）这一构念。对于该术语的翻译，国内一些研究者将之译为"自我同情"或"自悯"，但值得注意的是自我慈悲不同于自我可怜（self pity）——自我可怜是一个唯我论的加工过程，它会夸大自己的问题，认为他 / 她是天底下最不幸的人。而具有高自我慈悲的人拥有较高的认知移情倾向，能意识到别人也会遇到困难、错误（Neff，2011）。自我慈悲概念在提出之后，受到了学者们的大量关注和研究。自我慈悲强调对自己的痛苦抱持一种开放和自我关怀的态度，而不是回避或孤立的态度；同时，自我慈悲强调以更为广阔的视角看待个体经历的各种痛苦——将个人的痛苦体验视为人类所共有的一种普遍性经历。Neff认为自我慈悲作为一个积极的自我态度构念，有着众多重要的积极心理功能，比如Neff认为自我慈悲可能比自尊更有利于维护个体的心理健康，高自我慈悲能帮助个体更好地应对各种生活压力。这些假设得到一些后续实证研究的支持。研究者利用Neff编制的自我慈悲量表开展的研究结果表明自我慈悲确实比自尊更能预测个体的心理健康，能帮助个体更好地克服负性情绪，减少焦虑和抑郁，增强幸福感、提高自我评价的准确性、提升心理韧性和稳定性，降低自我防御性。为了避免问卷法的缺陷，研究者还用实验法检验了自我慈悲对情绪的作用，结果表明自我慈悲对情绪有着显著的调节作用（Leary et al.，2007）。不仅如此，一些研究也发现自我慈悲与乐观、智慧、好奇、自我探索、情绪智力等诸多积极心理因素相联系（Germer & Neff，2013；Kristin，Neff et al.，2007）。除此之外，研究还表明，自我慈悲作为一种积极的自我态度，可以通过积极的心理教育干预得以发展和提升。如Germer和Neff开发了8周自我慈悲训练程序（Mindful Self-Compassion，MSC）并开展了自我慈悲的干预研究，结果表明MSC能明显地提升自我慈悲、正念、主观幸福感（Neff & Germer，2013），对心理健康（生活质量、焦虑抑郁症状反应）有着良好的预测性（Dam et al.，2011；Homan，2017）。进一步的研究表明提升个体的自我慈悲具有重要的临床实践价值。如Trompetter等的研究表明自我慈悲能显著地负向调节心理健康与精神病理症状（焦虑、抑郁、负向情绪）之间的关系，高自我慈悲水平能提升个体的心理韧性，从而帮助个体有效地"对抗"焦虑、抑郁等负性情绪（Trompetter et al.，2017）。

第三节　现代正念与自我调节研究

不论是从社会心理学、认知心理学的视角，还是从临床心理学的视角来看，目前大量的研究与实践均表明正念对于自我认知加工方式、自我调节能力的提升都有着显著而积极的作用。尽管目前还并不十分清楚这背后清晰具体的心理与神经机制，但基于已有的大量实证研究数据，不少研究者也提出了多个模型来解释正念（干预）在促进自我积极转变以及提升个体身心健康的潜在的心理神经机制。

一、正念冥想促进自我调节的心理机制

Shapiro 等研究者根据他们建构的正念三要素（意图、注意、态度）模型，提出了正念的"再感知"加工机制假设。他们认为正念通过有意注意以及开放、非判断的认知加工过程促进了个体习惯性的感知觉方式的转变，这种转变他们称之为"再感知"（Reperceiving）。接着，再感知再通过自我调节、价值澄清、认知情感行为的灵活性与暴露四个直接机制共同促进个体内在世界的积极改变，这种转变能通过正念得以易化与促进（Shapiro et al., 2010）。Shapiro 等认为再感知是正念发生积极作用的重要"元机制"，它能促进自我认知视角的根本性改变——从"中心化自我"向"观察自我"的转变。

与"再感知"假设相似或相平行的一个理论假设是正念的"元觉知"（Meta-awareness）假设。Hölzel, Lazar（2011）等在整合了已有临床心理学、认知神经科学的相关研究的基础上，概括了正念的四个核心作用机制：（1）注意力调节；（2）身体觉知；（3）情绪调节（包括对情绪反应的重新评估、暴露、巩固）；（4）自我视角的改变。Hurk 等在此基础上，进一步提出了正念加工

的元觉知（meta-awareness）机制，认为元觉知在正念冥想练习中，尤其是在注意力与情绪的调节过程中起着独一无二的中心作用，是正念（干预）练习产生积极心理作用的基本工作机制（Hurk et al., 2012）。Jankowski 和 Holas 则进一步提出了正念的元认知（Metacognitive mode of mindfulness）理论模型，该理论模型认为：（1）正念加工与高层次的元认知加工过程有关；（2）正念加工依赖于元认知的三个主成分（元认知知识、元认知体验、元认知技能）的动态合作；（3）当其他元认知成分进行内隐加工时，元层次的正念加工总是外显的；（4）正念的有意练习能降低觉知与元觉知见的分离；（5）正念练习能促进正念的元水平的发展与变化（Jankowski & Holas, 2014）。可见，这些研究者认为初期的觉知和高层级的元认知是参与正念练习过程中两个重要的认知因素。但也有研究提出了不同的看法，如 Hadash 等认为对当下经验的一种非自我参照加工才是正念的潜在元认知加工机制，它具有去认同、去中心化、元觉知和与接纳等基本特点（Hadash, Plonsker, et al., 2016）。

二、正念冥想促进自我调节的认知神经机制

Vago 与 David 从认知神经科学的角度出发，基于对自我加工与正念冥想相关实证研究文献的归纳与整合，提出了正念的 S-ART（self -awareness, self -regulation, self -transcendence）理论框架以解释正念对自我加工的作用机制以及促进个体健康心理状态积极转变的心理神经机制（Vago & David, 2012）。S-ART 理论框架认为正念之所以能产生广泛的积极心理功效不是某些单一的认知因素作用的结果，而是通过正念练习培育了多种更健康的与自我参照加工相关的认知技能共同降低了自我加工偏差的结果。S-ART 认为正念涉及 3 个主要的自我加工过程，6 个基本的认知神经成分。3 个自我加工过程分别是：自我觉知（Self-Awareness）——通过系统的心理训练发展元觉知力；自我调节（Self-Regulation）——培养有效的行为调节能力；自我超越（Self-Transcendence）——超越自我倾注需要，增加亲社会性，培养自我与他人之间积极的关系。6 个具体的认知神经机制分别是：意图与动机、注

意与情绪调节、消除与巩固、亲社会性、去我执、去中心化。S-ART 认为正念冥想的主要认知神经机制是冥想练习整合了 3 种不同的自我加工过程，从而发展了自我觉知、自我调节、自我超越的能力。这 3 个自我加工过程分别是：（1）经验性的生成自我过程（the experiential enactive self，EES）——涉及无意识的感觉—情感—运动加工过程；（2）经验性现象自我过程（an experiential phenomenological self，EPS）——自我作为主体对当下活动的觉知；（3）叙述性的自我加工过程（narrative self，NS）——对经验自我的反思性认同。S-ART 理论模型对这 3 个自我加工过程的认知神经机制进行了详细的分析，并阐释了正念冥想过程是如何通过额顶叶控制网络（fronto-parietal control netwo）整合了这 3 个自我加工过程，从而达到降低个体痛苦，增加健康心态的效果。

上述分析表明，正念冥想干预练习产生积极的心理功效的心理机制是一个十分复杂的问题。从认知加工过程的角度来看，它既可能发生在认知加工的早期或初级阶段，如感知觉阶段，但同时也可能与更高级的认知加工阶段有关，如元认知过程；还可能涉及复杂的社会认知加工过程，如与自我参照加工过程的弱化（去自我中心化）以及自我态度（开放、接纳）的改变、意义的重构等过程有关。这可能表明正念（干预）练习所带来的变化是深刻、广泛而复杂的。今后的研究有待深入探讨针对不同具体心理问题的正念（干预）机制以及探索不同冥想类型的潜在心理机制，要注意正念的通用性的机制和（针对特定问题的）特异性机制的探究。如 Garland 等通过综述正念与药物成瘾的病理治疗相关的认知神经研究文献，提出了正念与意义的理论假说（The mindfulness-to-meaning theory，MMT）以解释正念促进积极心理成长的心理机制。MMT 认为长期的正念练习能有效地促进个体"意义建构"（meaning-making）能力的深化发展。具体地，MMT 认为正念可能通过消除（eliminative）和产生（generative）两个机制在药物成瘾治疗中发挥作用，其中主要的消除机制包括暴露、去中心化等认知机制（Mcconnell & Froeliger，2015）。

总之，就正念冥想的心理神经机制而言，还有待进一步的研究，并需要在方法学上有更大的进步与改进。从目前已有的有关正念的行为与神经科学的发现来看，正念冥想的自我调节过程至少涉及注意控制（前扣带回、纹状体）、情绪调节（前额叶、边缘系统、纹状体）、自我觉知（脑岛、内侧前额叶皮层、扣带回后、楔前叶）三个重要部分（Tang et al., 2015）。

三、正念冥想促进自我调节的神经生理机制

大量研究表明长期的正念冥想训练对自我身心的调节与一系列复杂而深层次的神经生理变化密切相关，研究表明：（1）冥想训练能影响个体脑波的变化。翟向阳（2010）总结了气功冥想练习的脑电变化特征，结果发现气功冥想练习者的 a 波变化表现出几个显著特点：一是 a 波变化从额—枕区逆转形成左前右后的优势脑轴，转入全脑共振的同步化；二是 a 波节律增强，表现出波幅增高，优势频率下降的特点。Travi 等对超觉静坐冥想的研究也得到了类似的发现（Travis et al., 2001）。这表明瑜伽、超觉静坐、练习气功具有相似性和一致性，均可以使脑电波表现出同步性、协调性、有序性的特点。（2）冥想练习能显著地影响大脑皮层的功能联结模式以及脑的物理结构。基于脑功能成像的研究表明冥想可能始于右侧前额叶皮质（PFC）和扣带回皮质的激活，因为这两个部位与注意力的集中性以及有意排除各种杂念有关。而冥想状态中 PFC 的激活会进一步激活作为全局性的注意网络，涉及丘脑（Newberg et al., 2001）、前额叶皮层、顶叶皮层、海马等脑区（Clausen et al., 2014）的激活，并与静默网络、执行控制、凸显网络区等多个脑区的功能联结有关（Mooneyham et al., 2016）。不仅如此，大量研究表明冥想练习能增加个体多个脑区白质和灰质的密度。如 Hölzel 等人发现 8 周正念冥想训练能增加练习者左海马、扣带回后部、颞顶联合区等脑区的灰质密度（Hölzel et al., 2011）。Tang 等发现在一个月内进行 11 个小时的冥想练习就能导致左前额叶白质结构的改变（部分各向异性①: fractional Anisotropy, FA），但 6 个小时的放松训练却不能导致相应的显著变化，而白质各向异性的增加能增强大脑两半球的腹侧和背前扣带之间的转换（Tang et al., 2010）。Laneri 进

---

① 部分各向异性（fractional Anisotropy, FA）指物体的全部或部分物理、化学等性质随方向的不同而有所变化的特性。

一步采用弥散张量成像技术（Diffusion tensor imaging）进行的研究发现正念冥想练习能促进丘脑、脑岛、海马、前扣带回皮层等 5 个脑区白质的部分各向异性的变化（Laneri et al., 2016）。（3）正念冥想训练对整个神经系统以及在激素等更微观层面都有显著影响。研究表明冥想能同时激活自主神经系统的交感神经系统和副交感神经系统，能促进自主神经系统的平衡以及体内多种激素的分泌（汪芬，黄宇霞，2011），从而让人同时保持高度的平静感和显著的警觉性（Peng et al., 1999），而这种长期的有节律的呼吸觉知练习，还能影响个体体内激素的变化。研究表明冥想练习有可能会促进下丘脑内啡肽的释放（Janal et al., 1984；Kiss et al., 1997）和脑内多巴胺的分泌。如一项针对瑜伽冥想的正电子发射断层成像（PET）研究发现冥想练习能显著提升纹状体的多巴胺水平（Kjaer et al., 2002），其中脑内啡（b-endorphin，BE）和多巴胺能抑制呼吸，降低恐惧、减轻疼痛感，产生欣快感（Walton et al., 1995）。

总之，上述有关正念冥想的作用机制的文献分析表明正念冥想对人们身心健康产生的积极作用有着重要而复杂的心理、生理与神经机制。正念冥想练习能产生积极的心身效应——减缓身心症状，提升个体心理幸福感、改善无益的自我参照加工模式，提升自我知识。如果仅从正念与自我的相关研究来看，这些研究表明正念冥想练习能显著地促进自我的社会—心理功能在质与量两个层面的积极转变。

首先，正念冥想（干预）练习能促进自我态度的积极转变。这些积极的自我态度包括不执着、自我接纳（non-attachment）（Monteromarin et al., 2016），自我慈悲（自我友善 / 关怀而不是自我批判）（Hollis-Walker & Colosimo, 2011），静定（equanimity）（Desbordes et al., 2015）等。其次，正念冥想练习能提升自我知识（self knowledge），促进对自我的理解与洞察——涉及对自我的本质以及自我与他人关系的认知以及关于这些信念的意图、目的的认知（Jankowski & Holas, 2014）。一些实证研究表明正念觉知能提升自我认识的清晰性和准确性（McIntosh, 1997；Ryan & Rigby, 2015），降低自我中心化倾向（Edwards, 2013；Graham et al., 2009），减弱自我防御倾向性（Weinstein et al., 2009），进而促进个体内隐与外显的自我概念向着积极的方向改变。长期的正念冥想训练能让个体渐渐领悟到自我感只是一个暂时的、互依的、动态变化的，而非永恒不变的经验事件，自我感也不是一个永恒不变的实体（Dambrun & Ricard，2011；Hölzel et al.，2011），从而让个体领悟到自我的"体验性与流动性"。这个过程被成为"自我的积极解构"（Epstein，1988）。根据前面正念冥想的心理机制的分析，这些深刻的变化可能与正念的非评判觉知以及再感知或去中心化的认知加工过程有关。

第四章

正念自我的理论构建

从心理学近几十年来对佛教心理学的研究与临床实践的相关证据与结果来看，从"自我"到"无我"的探索过程是一个充满风险与挑战的自我发展/成长历程。著名的精神分析心理学家（同时也是资深的禅修者）Engler曾根据自己的临床实践和体验提出过一个著名的论断："在你能证得无我之前，必须先具有自我（you have to be somebody before you can be nobody）"（Engler，2003）。其主要的论据是"自我"是具有重要的心理动机功能的（如自我防御功能、处理焦虑、在危险情境中的保护功能等），而"无我"是对自我的"一种彻底的解构与重构"。如果忽视了伦理道德、慈悲的意义等重要而关键的背景因素，那么"无我"的自我观就有可能破坏道德责任感和个体感。这可能会使个体把对正常的、与爱和工作相关的发展任务的回避合理化，最糟糕的是它可能会加重自我认同问题（萨弗兰，2012，p94）。这种风险可能与人们（尤其是对那些有着各种不同心理问题或痛苦的人来说）对佛学或禅修的美好而错误的期待信念有关，如禅修冥想（或者皈依佛门）能包治百病，能帮助人们解决任何问题。这种期待往往会带来一些严重问题，如"宗教崇拜或迷信"。除此之外，更普遍的一个不利结果是导致很多人带着不恰当的动机去进行禅修冥想。如苏勒鉴别了人们选择禅修的10种防御性动机（而非自我觉醒），如避免责任和义务、潜抑不情愿的或冲突的感受、回避愤怒等。能表明这种后果的严重性的一个重要证据是《中国精神障碍分类与诊断标准第3版）CCMD-3)》把因气功/巫术等因素引起的精神障碍作为与文化相关的精神障碍进行了单独的分类。最近国外的一项有关冥想副作用的质性研究也表明冥想练习是一项有难度的练习任务与技术，它可能会加重练习者的抑郁、焦虑症状，甚至可能会诱发精神疾病（Lomas，Cartwright，et al.，2015）。

　　然而，我们同时也需要看到的是佛教的"无我"，并非一种消极避世的自我观，也不否定心理学意义上的自我（佛教中称为"假我"）的社会心理功能。

从历史来看，那些真正获得开悟的得道高僧事实上拥有十分丰沛和有效的自我功能，代表着一种非常健康、平和而受欢迎的人群（Aronson，1998）。这说明无我自我观对于心理健康的构建有着重要的积极意义（Hoffman，2010）。上述的大量实证研究也表明，基于科学心理学视角下的正念冥想（干预）练习确实也能促进自我诸多层面的积极转变与发展。因此，我们可以在"自我发展（self-development）"这个心理学理论框架中来探讨"从'实体自我'到（与）'虚空无我'"的问题，这也就意味着要在东西方的两种不同自我观之间寻求一种融合与平衡。也即是说，从心理学的理论发展的角度来讲，我们需要在东西方的不同自我观的融合与整合中，发展出一个新的（能避免或弥补不同自我观的不足或忽视的部分），更有益于健全人格的发展、更有益于个体的心理健康与幸福感的自我发展模型或框架。因此，"从'自我'到（与）'无我'"的问题就可进一步表述为："如何在自我发展的理论框架中建构与描述这种新的自我观并通过一系列的实证研究加以验证之。"这就是本书的研究主题。即本研究试图在现代心理学关于正念、自我的相关理论与实证研究基础上，结合东方心理学关于自我的基本思想，在自我发展的理论框架下建构一种独特的、富有正念蕴含的、有益于个体自我发展与心身健康的自我观——我们称之为"正念自我"（the mindful self），并通过实证研究检验这种新的自我观的理论价值及其现实意义。

第一节　正念自我——东西方自我观的整合

前文分别就西方现代几个主要的心理学流派的自我观以及佛教心理学的自我观进行了简要的述评。从中我们可以得到如下几点认识：（1）二元实体论的自我观仍是西方现代主流心理学所信奉的自我观，其特点是他们都把自我看作是一个可被同时体验和观察的实体与客体。这种二元论的自我观允许我们可以从主体我（I）和客体我（me）两个方面来思考与谈及我们自己。这是把"自我"作为科学（心理学）研究对象所需要（或者说不得不）做出的必然选择。在这些关于自我的研究探索中，正如 Chan（2008）所说："自我被各种理论与实证研究理所当然的作为一个客体。对大多数人而言，自我就是指与他们的身体直接相关联的东西以及对他们的来说是重要的东西。'我就是我的思想，我的思想就是我'似乎变成了不证自明的真理了。"（2）基于自我客体取向的科学心理学研究进一步巩固了自我作为客体在现代科学心理学中的地位。大量基于认知行为心理学与认知神经科学的研究表明具有心理内容（如对自己角色的认知）和心理机制（如自我反思能力）双重属性的自我是个体拥有的一簇具有重大意义的心理品质（Pageler，2016）。然而，毫无疑问，坚持研究对象的可观察性，坚持以方法为中心，采取价值中立立场的科学心理学也有其致命的缺陷，如对研究对象的过度"还原或简化"——把作为一个整体的人简化为一些单独而分离的自我概念或冰冷的认知加工过程，失去了对作为一个整体的人的整体性的认知与理解。（3）自我研究的多元化与综（融）合化的发展趋势。随着后现代主义思潮的不断兴起以及东西方文化与学术对话的不断深化，使得自我的研究正逐渐表现出多元化的特点以及整/融合的趋势。一方面，这种融合与荣格等一大批西方心理学家的"宗教的心理学化运动"以及对东方神秘主义所产生的浓厚兴趣密不可分。（Godwin，1998）认为荣格在科学与宗教间建立了联结，使得人们可以在一个理论框架中同时谈论上帝（自我）与灵魂（psyche）。这种（思潮）运动导致了宗教和心理学之间的界限的消失（Gleig，2010）。这也在事实上使得现代西方心理学和东方传统文化（如佛教心理学、禅修、道教）之间的学术交流与对话变得愈发频繁与深入。另一方面，后现代主义思潮使得心理学界对自我的研究开始重视文化对自我的影响，让人们重视自我的变化性与文化多元性（邹晓燕 et al.，2003），强调了自我的社会建构特征（刘冉，张海燕，2011）。总体来讲，西方不同心理学强调了对自我意识的研究，对自我的理解可概括为如下三个不同水平：一是经验自我（experiential self）、表征自我（representational self）和自我系统（self as system）。其中，经验性自我由念念不断的意识流构成；表征自我由相互作用的无意识组织结构或众多的潜在自我意象组成；自我系统则是自我表征组织的更高层级的组织结构（Falkenström，2003）。这种区分在某种程度上概括了西方现代不同心理学流派对自我的基本看法，只是不同学派或不同心理学家的研究兴趣点与视角有所差异。

东方佛教心理学主张的无我自我观代表着一个更为广阔的、具有神秘主义色彩的、但（对绝大多数人而言）难以企及与理解的自我状态。如果说西方"惟我"的自我观是在对自我意识的重视与强调，而东方佛学"无我"自我观则在试图超越自我意识，它认为自我意识的发展还有一个更深层的阶段，即"阿赖耶识"阶段（无我阶段）（Benjet et al., 2016）。然而从自我意识到自我意识的超越是艰难的，它需要以良好的自我意识的发展为基础。佛家禅修的基本路径是从认识、改造、完善假我入手，然后再观修无我而实现真我（彭彦琴 et al., 2011）。即先解决自我意识上的问题，达到相当成熟的层次后方宜观修"无我"（陈兵，2007）。临床心理学家 Jack Engler 曾充分地论证了无我禅修练习的前提条件是个体得先拥有一个稳定的自我，具有某种程度的人格组织，其客体关系得到充分的发展，并完成了自我同一性的整合（Engler, 2003）。另一方面，一些西方学者指出在自我的研究中，我们不能过度强调某一立场，佛教心理学的无我观也有其现实的不足。比如佛教心理学缺乏对个体独特性的关注，不重视个体的个人成长背景（Klein, 1995）。甚至一些西方学者认为一元的、无分别的神秘体验并不能完全地消融自我结构或解决与心理动力有关的自我问题。自我结构的无意识基础只有通过把它们带入意识觉知里并通过对这些内容开展工作才能得以有效解决（Almaas, 1996）。

总之，虽然上述两种不同自我观在其内涵与研究范式上存在显著的差异，但这并不意味着这两种不同自我观是相互矛盾的或不兼容的。事实上，它们都在一定程度上反映了自我的本质特点，但在一些主张上以及研究范式与方法上也都各自有一些局限性。因此，我们需要在辩证统一的方法论的指导下，同时综合考虑到上面两种自我观，并在此基础上建构一个更有说服力的自我理论框架，让个体获得更具灵活性的自我（Falkenström, 2003）。事实上，随着东西方文化与学术交流的不断深入，东西方学者对自我的认知在一定程度上也表现出了一定的融合性与相似性，如新精神分析在某种程度也领悟到自我的"空性"，如科胡特虽然将自我（国内普遍翻译为"自体"）作为心理结构的中心，但他同时也指出完满的自我（full self）是不存在的（absence）。

另一位精神分析心理学家米切尔也认为自我体验的连续性是彻彻底底的错觉。这些观点都很类似于或接近于佛教的无我自我观。存在主义心理学的很多基本主张更是如此。

一、正念自我的提出

前面的评述表明自我是一个十分复杂的概念，有着很多不同的维度与特性，如实体性与空无性、主体性与客体性、相对稳定性与动态变化性、社会文化性与个体差异性、生物性与精神性等。为此，不少心理学家都指出了问题的解决方向——整合。从研究文献来看，一些研究者已在这方面做出了一些有益的探索。如 Sleeth（2007）把自我看作是一个充满觉知的过程，并从自我意识和认知（内容）两个方面提出了自我的整合框架（见图 4-1）。该假设模型认为新整合的自我理论需要考虑到自我的两个基本维度要素：（1）自我认同与自我实现；（2）自我实体与自我解放。二者具有不同的发展方向、心理运行法则及功能。其中前者代表的是自我整合框架的垂直方向，主要与自我成长和认同的发展有关；后者是自我发展的水平方向，与简单的（作为实体）的存在体验有关。然而可以看出，这种整合依然没有突破二元主义的实体自我观的框架。同时，我们发现作者对佛教的无我存在明显的误解，认为佛教的无我把自我降低到了原始的自治层面，并认为这样的做法是没有意义的（p.13）。

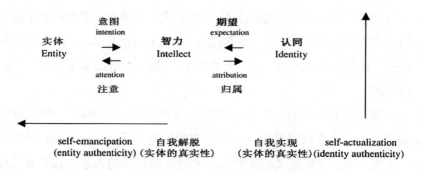

图 4-1　Sleeth 提出的自我整合框架

另一个自我整合模型是 Dambrun 与 Ricard（Dambrun & Ricard，2011）基于自我的心理功能提出的自我动态框架（见图 4-2）。该模型从心理功能的角度把自我看作是一个连续体，中心化自我（Self-Centeredness）、无我（Selflessness）分别位于自我的两端，它们各自有着明显不同的心理功能。如果自我被知觉成一个结构化的自我，这种结构化自我往往表现为永久的、独立的、固定的实体性特点，那么就会导致自我中心化的心理功能表现（佛教心理学认为这种结构化的、自我中心化的自我是苦难和不稳定的快乐的重要来源）。相反，当自我被知觉成为一个灵活的、暂短关系的动态经验网络时，就会更多表现出"无我"的心理功能，这是真实持久幸福的来源。中心化自我的心理功能的主要特点是倾向于把自我看作是独立的、内在的、永恒不变的、独特的实体，而无我的心理功能的主要特征是把自我看作是互依的、动态变化的，非永恒的经验网络。同时，该理论模型还从五个方面论述了自我的特点：（1）是一个关于经验的连续体；（2）具有实体化的心理加工过程；（3）具有具体化的心理加工过程；（4）具有无我、中心化两种不同的准结构；（5）对应着两种不同的（无我的存在主义与中心化自我的实体主义）心理功能类型（Dambrun & Ricard，2011）。

无疑，这两个关于自我的理论框架在整合东西方文化背景中的实体自我观和无我自我观这项工作上做出了有益的探索。这两个模型都强调了实体主义自我观和存在主义无我自我观的积极功能。然而，这两个模型并没有解决真正的问题或者说没有针对该问题提出可供探讨的答案。即面临复杂而多面的"我们"，"谁"能和谐有效地"统领"之？对此，这两个模型并未对此做出很好的回答。基于相应的理论分析与思考以及对现代心理学框架下的正念冥想研究成果的总结，我们认为"正念觉知"（mindful awareness）是胜任这个"统领"任务的核心品质，而"正念自我"（the mindful self）就是"我们"的"统领者"。

觉知被认为是通往直接经验的最有效方式（Sleeth，2007），对存在本身的觉知是每个人天生都具有的通往自我觉醒的重要品质。一方面，精神分析学家、人本主义 / 存在主义心理学家都十分重视觉知的力量，认为对"存在本身"（being-ness as such）的基本觉知力（Bugental，1965）是人存在的首要

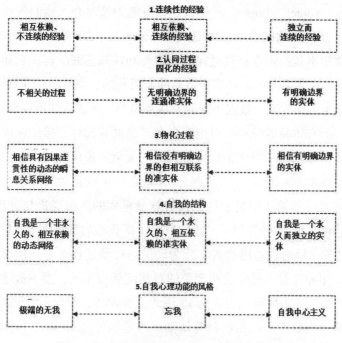

图 4-2　"自我—无我的动态连续模型"

条件和基本事实，其他一切事实都要以这个事实为基础。他们认为只有通过觉知直接体验到的内容才能构成个人真实的世界，只有真实的存在才是人的在世存在。美国人本主义心理学先驱布根塔尔也曾指出：

> 世界本身是一个绝对的"沉默"、一个巨大无边的"黑暗"和"虚空"。觉知正是这一黑暗和虚空之上的"一扇窗户"，……"人正是通过觉知才发现了他自己和世界，才能评估他与世界之间的关系"（Bugental，1981）。

Sleeth（2007）认为存在主义之所以重视觉知和临在（awareness and presence）的重要性，是因为觉知能够允许人们对机械而自动化的心灵过程叫"暂停"（May，1981）。同时，聚焦于对当下经验的觉知能转变人们对现象进行自动化的概念性解释的注意倾向，从而为做出更富有人际移情性的反应创造了可能性（Yontef，1983），这样人们就有能力及时介入他们各种各样的生活事件中去，并因此归寻生活的意义（Thompson，2009）。然而，值得注意的是这种觉知不是指带有自我过往经验偏差和认知偏好的自我觉知，而是指一种对当下真实生命与生活经验所持有的非判断的、全然的、开放性的觉知。这种觉知即为正念觉知。根据正念的元认知模型，正念觉知不仅仅具有（元）认知成分，也有体验成分——对当下自我经验的开放性、接纳性体验。另一方面，从佛学禅修以及当代正念冥想研究的大量实证研究结果来看（更多详细的介绍请参考第一章 1.4—1.6 部分），八正道中的正念冥想练习——其核心是觉知练习——被认为是通往无我智慧最重要的前提要素与过程性要素，主要特点是对"色""受""想""识""法"（即我们的身体感觉、情绪生理感受、认知想法 / 信念、思维模式、行为动机与行动过程）等一切自我经验予以纯然的觉知和注意，觉知这些现象的自然流动与生灭，而不被这些自我经验所束缚（即认知去融合或去我执）。因此，当代的心理学认为正念冥想练习的本质是基于自我当下经验的具身认知训练过程（Mcallister，1990; Stanley，2012）。当个体充满正念觉知时，我们就能觉知到我们的习惯性的思维模式与反应模式（Wink & Dillon，2013），能快速地意识到我们的负性思维和负性情绪感觉，从而个体就有可能在再次陷入无意识的或习惯性的（负性）思维模式前做出调整（Ostafin et al.，2015b）。因此，通过正念的具身觉知训练能降低自我的贪嗔痴——负性的情绪、过度而不合理的的欲求与不良的认知信念——从而促进自我认知与自我态度以及行为的转变。总之，这些大量的实证研究表明"正念觉知"是促进自我积极转变的关键机制。

这就给"'谁'能和谐而有效的'统领'复杂而多维的'我们'"这一问题提供了答案与有效的实践方法。也即是说，从目前有关正念冥想的实证研究结果以及临床治疗实践结果来看，通过"有觉知而无为"的做法——把自我系统中的所有内容、意象、具有创伤性的或负性的情绪记忆、行为意图等都作为非批判性的觉知对象——去"统领"复杂而多面的"我们"是可能且可行的，从而让原本分离的或相冲突的"我们"得以和谐相处，最终得以自我协调与整合。作为理论建构，我们把这个"统领者"称为"正念自我"（the Mindful Self，MS）。正念自我这个构念是对西方实体主义自我观和东方

佛学 / 禅学的"无我"自我观的一种尝试性整合。这种整合力图从理论层面在西方的中心化、二元实体化的自我观与东方的一元整体论的无我自我观之间寻求一种平衡与融合，见图4–3。

图4–3 正念自我的理论框架模型

第二节　正念自我的内涵与特点

一、正念自我的本质——"有我在而无我执"

正念自我既承认满足自我的各种基本生理、心理、社会与精神需求的必要性与重要性，又承认自我价值、自我认同的重要性。因为在世俗的现实生活中，人们无法像佛教出家人那样能做到绝对的或最大限度的"无欲无求、无牵无挂、无分别心"。同时正念自我强调不过度执着于世俗的各种欲求，这样容易习染佛教心理学所说的"贪嗔痴"三毒，这是佛教心理学认为的产生痛苦与烦恼的根源（玄奘，1995）。正念自我把自我视为一个动态变化的自我经验过程，并强调正念觉知在"和谐统领"多面自我中的核心地位与作用。这种流动的自我觉知被认为是成为（真实）自我（becoming a person）的关键（Rogers & Ransom，1961）。一个充满正念觉知的人不会自动化地把体验到的内容看成是对客观事实或现实的直接反映（Jankowski & Holas，2014），从而不易受到自我经验反应的困扰。我们认为这是让复杂的自我系统内部产生和谐的关键机制。

大量的实证研究与临床实践表明以强调自我认同、自尊以及以建构或修复良好的自我结构为导向的自我发展观与心理治疗观具有明显的局限与不足。佛教的无我观则正好修正了西方人对自我宿命的误解，为个体，尤其是对那些在青年早期和中年过渡期寻求自我认同的个体提供了一条解决心理发展任务的方法（Engler，2003）。即是说，根据佛教的无我观，我们不必徒劳而穷思竭虑地追寻"我是谁"这一终极无解的问题。无我自我观能让个体从这些任务（困惑）中解脱出来，让个体不必去追寻并试图变成某种类型的我或理想我。但从另一面来讲，正如我们在前文的分析所指出的那样，从自我到无我的自我发展（治疗）路径也充满着风险与挑战。除了我们在前面所说的可能风险外，直接选择无我观作为自我发展与治疗的指引，还面临着诸多现实挑战。由于佛教心理学认为人类的各种"苦"的根源是"我执"（相当于心理学的过度自恋、过度自我认同等概念的意涵），因此佛教心理学的治疗观在于破除"我执"。然而，要做到这一点实属不易。在传统禅修实践里，不但要求修行者坚持进行正念冥想练习，还有遵守持戒、忍辱布施、培育平等心、无分别心等名目繁多的清规戒律。这样的要求不仅让人望而却步，其必要性也值得考究。这大概也是佛教心理学常被大众疏远的主要现实缘故吧。因此，我们认为正念自我是一种中道主义的自我观，其本质特点是"有我在而无我执"的一种灵活的、不过度认同的、充满正念觉知的动态自我观。

正念自我——富有洞察的觉知者

自我洞察指个体对自我的本质以及对自我与他人、社会的关系以及内在的自我经验有着较为深刻、准确的觉知与理解（Carissa et al.，2018; Grant et al.，2002）。也即是说富有洞察的自我往往具有良好的自我知识（self-knowledge）——对自己的人格特点、思维、感觉与行为模式有着更为准确的觉知，同时知道其他人是如何理解这些模式的（Vazire & Carlson，2010）。它涉及个体对自己每时每刻的心理状态的觉知，对当下经验以及与自我相关的认知过程的区别与分析能力以及对那些能扩展个体认知视野、有助于促进个体形成更复杂而广阔的自我图式的往事的鉴别力和分析能力（Ghorbani et al.，2009）。同时，自我洞察意味着对自我深刻的理解——对不断进行着的内在精神世界的发展与明晰（Bell & Leite，2016），它涉及自己的自我知识或概念的觉知、理解，思维、情绪情感、行为反应模式的觉知与理解；还涉及对人际互动过程的自我反应的理解。从心理咨询的角度来看，自我理解主要是指来访者对自己的非适应性的关系模式、行为模式的识别以及对这种模式的历史形成起因的深入理解（Connolly et al.，1999）。最近大量有关正念的研究表明正念能直接提升自我知识，促进个体对自我的洞察。Carlson（2013）对此进行了正念促进自我知识的专题研究，分别从正念对个体的情绪、想法、行为等方面的影响与提升进行了文献分析述评，结果表明正念有助于提升个体对自我情绪的知识，如提升对自我情绪的清晰性、鉴别力与预测力（Corcoran et al., 2010; Wadlinger & Isaacowitz, 2011）；还能提升对自我想法的认知能力，如降低对自我渴求想法的认同（Papies et al., 2010）等。这些研究表明正念冥想能促进个体对自我本质的理解（Jankowski & Holas, 2014），这是提升人们的生活质量、降低无知与非理性的一个关键因素（Rubin, 2013），对促进人类的优势与潜能的发展上似乎具有重要意义（Ghorbani et al., 2008）。

正念自我——富有正念意涵的自我态度

根据态度的 ABC 理论，态度指个体对态度客体积极或消极的情绪效价以及相应的认知信念与行为倾向性。尽管 Fishbein 和 Ajzen 认为评价或情感属性是态度区别于其他概念的一个主要特点（钟建安，张光曦，2005），但是这与个体对态度客体相关内容的记忆表征和认知判断或认知信念密不可分（Albarracín et al., 2005）。Albarracín 等认为如果把态度视为一个连续体的话，那么它的一端是关于态度客体的表征，另一端则是关于态度客体的总体评价（Albarracín et al., 2005）。可见，可通达的、稳定的认知信念才是构成态度的决定性因素（Ajzen & Cote, 2008），而这些信念又是个体对态度客体属性的知觉期望与价值判断相互作用的结果（Olson & Kendrick, 2011）。所以，态度是一个人对态度客体在认知、情感、行为意图三方面的综合反映。

当个体把"自我"作为一个观察与认知评价对象时，自我态度就成了自我的重要组成部分（Maio & Olson, 2000），是个体行为的重要预测指标（Sample & Warland, 1973），对个体的认知与行为，如决策、信息加工、注意选择偏向以及自我概念的形成（Fazio, 1995）、人际关系的知觉等都有着重要的影响，尤其是当某种态度对个体来说是很重要的时候（Correll et al., 2004），态度的确定性（attitude certainty）对自我的确定性有显著影响（Clarkson et al., 2009）。Demarree 等基于多层面的分析发现态度的确定性与自我的确定性之间具有诸多的一致性或相似性，很多可以（归因于）用自我概念来解释的基本动机可以用自我态度来加以解释（2007），而且那些强有力的态度对个体的行为与信息加工有着持久而稳定的影响（Krosnick & Petty, 1995）。这些研究表明自我态度反映了个体对自我的认知看法（自我知识或自

我概念）、自我评价（如自尊）、自我情感（如自我慈悲、自我友善）。当个体
把自我作为一个态度的认知客体时，自我态度就构成了自我的重要组成部分，
自我态度的内容与维度也就是构成自我的重要内容与维度。这也即是说不同
内容与结构的自我态度也就反映了个体所持有的不同的自我观。不同的自我
态度是不同自我观的一个重要维度。

正念自我态度是指体现了正念冥想的一些基本理念，并能通过正念冥
想练习得以显著提升的与自我相关的态度如自我慈悲、不执着、顺其自然
等。这些态度在传统的禅修以及现代科学的冥想研究与实践中都十分受重
视。比如就"慈悲"而言，它在佛教中被视为最重要的伦理准则和理想价值
观念（Raes et al., 2011），其基本内涵主要体现在《中阿含经·说处经》和
《增一阿含经·苦乐品》分别讲到的慈（metta）、悲（karuna）、喜（mudita）、
舍（upekkha）"四无量心"和慈、悲、喜、护"四等心"里（Oveis et al.,
2010），主要体现为"无我平等""同体大悲"（Raes et al., 2011; 彭彦琴，沈
建丹，2012）的自利利他、同悲共乐的人本主义思想。近年来有关"慈悲"的
心理学研究表明慈悲心与个体的宗教性无关，而与个体的精神性发展密切相
关，是个体基于对整个人类普遍痛苦的深刻认知与领悟后的道德自觉（Saslow
et al., 2013）。同样地，这些富有东方佛教或禅修意涵的态度在现代科学的
正念冥想研究与实践中也同样受重视。在正念的干预治疗或练习过程中，对
自我采取什么样的态度是影响正念干预治疗或练习效果的重要因素，一些研
究者更是把态度作为解释正念积极效果的一个重要机制（Bishop et al., 2004;
Shapiro et al., 2006）。而且大量研究也确实表明正念冥想练习或干预能有效
地促进不执着或自我接纳（non-attachment）（Monteromarin et al., 2016）、自
我慈悲（Hollis-Walker & Colosimo, 2011）、静定（equanimity）（Desbordes et
al., 2015）、自我友善 / 温暖感（Gilbert, 2014; Hofmann et al., 2011）等富有
正念意涵的自我态度的提升或转变（Xiao et al., 2017）。这些态度对防止个体
出现过度的自我评价、自恋等倾向性（Veneziani et al., 2017），降低抑郁、焦
虑、压力（Duarte & Pinto-Gouveia, 2017b），促进个体的身心健康以及维护
良好的社会关系都具有积极的影响。

基于上述分析，我们认为正念自我态度是正念自我的重要组成部分，是

正念冥想学习与练习的重要"成果",反映了个体对自我富有正念意涵的自我洞察(如不把自我看作是永恒不变的实体,而是倾向于把自我看成有觉知的经验过程)、自我情感倾向性(如自我慈悲友善,而非自我苛求)以及对待自我的不同行为倾向性,如自我接纳。

二、正念自我的认知神经基础

正念自我概念的提出有着重要的来自认知神经科学实证研究的支撑。一方面,研究表明正念觉知涉及分布式注意、现象意识和动态的自我觉知过程,它能有效地实现自我经验(身体感觉、情绪、思维)的去融合,从而能有效、带有接纳性地把自我意识内容视为动态的心理事件(威廉姆斯 et al., 2015)。来自认知神经科学的研究表明这种能力的转变与正念冥想练习导致右侧脑岛(与当下的自我觉知密切相关)与内侧前额叶皮层的解离过程有关以及与右侧脑岛外感受性的体细胞和脑岛内感受性细胞的神经元集群对身体状态的暂时标记活动有关(Farb et al., 2007)。前额叶神经元集群的这种动态联结和适应性编码就涉及正念的自我观察——一种非参照性的,与第三人称意识相关的,超越认知主客体二元性的觉知(Raffone et al., 2010)。因此,正念觉知被认为是一种内在自我的协调者,做一个富有正念觉的自我就是成为自己最好的朋友,能促进个体内在亲密感、心理韧性和幸福感的提升(Siegel & Callen, 2008)。另一方面,正念自我对自我经验的和谐统摄或整合与正念冥想练习所促进的前额叶区域相应功能的整合性发展或变化密切相关。前额叶皮层在认知控制以及与内在目标一致的想法与行为的协调方面发挥着重要作用,而这种作用源于前额叶对活动模式的保持并为其他脑结构提供偏差信号,从而指导接下来的活动沿着恰当的神经路径去执行(Miller & Cohen, 2001)。对当下即时的非评判觉知则允许前额叶为其他相应的脑区或脑结构提供高精准性的信号。而这种即时的觉察、监控、调整就需要更多脑结构的功能联合与整合。如 Mooneyham(2007)等采用结构和功能联合的神经成像方法探讨了六周正念干预对脑结构和功能的改变效应,结果发现右半球的腹外侧前额叶皮层(the right-hemisphere ventrolateral prefrontal cortex, vlPFC)和左侧的中颞叶区（middle and superior temporal gyri，MTG/STG）存在功能联结的增加。同时该研究发现正念练习增加了脑岛的厚度以及后脑岛与腹外侧前额叶皮层和左侧的中颞叶区的静息态功能联结。这些区域各自涉及早期的听知觉、对听觉刺激变化的注意力分配。这表明正念冥想对自我参涉的加工涉及多个脑区的协同参与，从而提高了心理加工的功效。总之，这些研究为正念自我这个新的自我构念提供了有力的理论支撑。

三、正念自我的心理功能

我们认为正念自我作为一种富有正念的自我观，是通过正念冥想练习或干预获得稳定积极变化的主要原因或背后的机制。有几个理由相信正念自我概念的提出对研究预测个体心理健康有着积极的意义。一方面，正念的主要目的是培养一种正念态度，以便基于无常（anicca）或无我（anatta）和苦或普遍的不满足（dukkha）的具身洞察力获得内心的平静（Khong，2009）。正如Khong（2009，p. 14）所言：

> 这将我们带到了佛陀最重要的教义之一，即洞察现实的本体论本质可以在个人层面带来态度的改变。视角的转变涉及采取不执着、接受和放手、放手的冥想态度。如果没有这种态度上的改变，了解佛法可能只是一种智力练习。"

另一方面，根据中国禅宗的教导，解脱心的首要方法是直接对待"妄心自我"。禅宗认为，只要自我的结构和本性都发生了和谐变化并完全开悟，精神与心理问题的症状自然会消失或减轻。

因此，传统的正念冥想强调在正念冥想的练习或干预中改变态度和对自己最基本的认识的重要性。相应地，不执着、平静、无为和自我慈悲等态度是正念自我最重要的组成部分。几项研究发现，这些态度在调节正念和心理健康的影响方面发挥着重要作用。例如，已有研究表明，不执着在很大程度上调节了正念方面与生活满意度和生活有效性的结果变量之间的联系（Sahdra et al., 2015）。同样，其他研究发现，自我慈悲可以调节艾滋病病毒感染者的自我污名内容与生活满意度之间的关系（Yang & Mak, 2016）。此外，许多研究表明，对自己表达慈悲、善意或爱有助于减少对他人的敌意或愤怒倾向（Analayo, 2004），增加积极影响并减少消极影响（Hofmann et al., 2011），并减少羞耻感和自我批评（Gilbert, 2009）。此外，一些研究发现，自我同情比正念更能预测幸福感（Dam et al., 2011; Woodruff et al., 2014）。此外，平静，或对所有众生平等和接受的态度，也是一个重要的概念，它潜在地抓住了改善幸福感的重要心理因素（Desbordes et al., 2015）。因此，我们认为正念自我是正念干预与心理健康问题以及促进幸福感之间的重要中介或调节变量。

此外，将正念自我视为自我发展背景下心理成熟度的特定标准是有益的。成熟的心理标准包括对自我、他人和与工作相关的动机的积极态度的发展，以及价值行为指导系统的发展（Greenberger & Sørensen, 1974）。Golovey、Manukyan 和 Strizhitskaya（2015）总结的基于正念的积极变化能够满足心理成熟度的标准，包括责任、反思、意识、自我接纳和自尊、正直的品质等。许多研究表明，正念冥想使人更加成熟，行为更加自主（Ireland, 2013; Levesque & Brown, 2007）。很明显，正念练习与意识和自我接纳有关，但也发现更高的正念与更多的自我一致有关，这反映在内隐（无意识）和外显（有意识）之间的更高一致性自我相关属性的评估（Kirk Warren Brown & Richard Ryan, 2003; Thrash & Elliot, 2002）。总之，我们认为正念自我是一个有理论学术价值的构念。

第三节　正念自我与相关自我构念

　　为了更为深入地阐释与理解正念自我的内涵，同时体现出它和已有相关概念的实质性区别，本节就正念自我与自我发展框架中的一些相关概念进行比较研究。具体来讲，我们主要围绕自我实现（self-actualization）（Maslow，1970; Roger，1951）、静默自我（the quiet ego）（Bauer & Wayment，2008）、倾向性正念（dispositional mindfulness，DM）等概念进行对比分析。便于直观的比较，我们通过表 2-1 呈现了这几个概念的定义与基本内涵。

一、正念自我与自我实现

　　从表 4-1 可见，正念自我与自我实现概念的内涵有较多的重叠，都强调了经验开放性、当下、觉知的重要性。但是，与自我实现不同的方面在于正念自我还体现了正念或佛教心理学的一些重要理念，如不执着、静定、（自我）慈悲等正念自我态度以及去自我中心化（Rosenbaum，2009）等非自我参照的认知加工方式。这些富有正念意涵的态度和认知加工方式能帮助人们获得认知视角的转变并获得智慧（Purser & Milillo，2014）。从表 2.1 关于自我实现的内涵要素来看，自我实现这个概念则是强调或强化了自我参照加工的重要性。在佛教心理学看来，经验的自我参照（自我中心主义）加工方式被认为是导致心理问题的重要原因，而基于正念的无我参照加工则认为是减轻痛苦的关键机制（Olendzki，2006）。这与一些实证研究结果是一致的，如有研究表明高自尊容易对他人产生攻击性和愤怒（Baumeister et al.，1996），会更容易受到抑郁情绪的伤害（Kernis，2005）。不仅如此，高自尊常常与高自我提升偏差（甘琳琳，佐斌，2007）、高水平的自恋（Twenge & Campbell，2009）

等因素密切相关。而相应地，一些研究则表明相比自尊，正念和自我慈悲更有助于发展主观幸福感，降低自我防御（Neff，2011；Ostafin et al.，2015a）。因此，相比于自我实现构念，我们认为基于正念视角下的自我观——正念自我——体现了一些更有益的心理要素或心理品质。

表 4-1　正念自我、自我实现、静默自我、倾向性正念的内涵比较

概念	定义与内涵
正念自我（MS）	**定义**：基于正念视角的自我观，其主要内涵表现为基于正念禅修引起的在自我认知和态度上的积极改变。 **内涵要素**：当下、自我觉知（Baer et al.，2006; Kabat-Zinn，2003）；去中心化、元觉知、再感知；灵活性；开放性（Baer et al.，2006）；自我接纳（Carson & Langer，2006; Dryden & Still，2006）；自我慈悲 / 友善（K. NEFF，2003）；不执着（Non-attachment）；静定（Equanimity）（Lomas，Edginton, et al.，2015）
自我实现（SA）	**定义**：与自我觉知与自我经验协调一致的个体潜能发展过程（Leclerc et al.，1998）。 **内涵描述**：涉及经验的开放性和自我参照两个维度。 （1）经验的开放性：自我觉知、自我信任、自我洞察、自我接纳、开放性、移情、当下、自主性、承诺、生活意义等； （2）自我参照：自我责任、积极自尊、行为的真实性与自由性、对自己选择的行为及后果的接纳、道德性（Leclerc et al.，1998）。
倾向性正念（DM）	**定义**：指个体时保持着正念状态的倾向性与能力（Brown et al.，2007）。 **内涵**：倾向性正念被概念化为一种特质（Goodall et al.，2012）或正念人格（Adam W. Hanley，2016），包含观察、描述、有觉知的行动、不反应、不评价五个维度（Baer et al.，2006）。
静默自我	**定义**：静默自我指超越自我中心主义的、低自我防御性的、在自我—他人间具有协调性的一种自我认同。 **内涵**：静默自我既不会过度的自我关注与自我认同，也不会显著地只关注他人。作者认为静默自我具有四个主要特征：（1）分离性觉知（detached awareness）；（2）相互依赖（interdependence）；（3）慈悲；（4）成长性（Bauer & Wayment，2008）。

二、正念自我与静默自我

正念自我与静默自我（the quiet ego）也存在实质性的区别。Bauer 和 Wayment（2008）提出静默自我这个概念意在理解人们是如何超越自我中心主义倾向性的。它指的是一种超越了自我中心主义（egoism）的、低防御的、

自我—他人平衡的（指在认同关心他人的同时不失去自我）一种自我同一性，具有四个维度：分离性觉知（detached awareness）、内在认同（inclusive identity）、观点采择和成长性（Wayment et al., 2014）。可见，该构念强调自我认同的平衡性，既有消极自我与积极自我评价的平衡，又强调了对自我与他人之间的平衡。然而，尽管该构念强调发展性、成长性，但这个构念本身缺乏"生长性"，该作者认为如果自我变得过于"静默"，就可能失去自我认同或有压制感（Bauer & Wayment, 2008）。因此，很难确定或回答多大程度的"静默"是恰到好处的。而正念自我是一种毕生发展取向的、具有真正意义的"生长性"的自我观。正念自我强调自我觉知、自我洞察在整个生命历程中的重要性。这种自我觉知的发展就至少存在三个不同层面或水平的发展（Siegel, 2007）：（1）对当下带有开放性、接纳性的正念觉知，这已被大量研究证实有助于促进自我调节的灵活性，允许个体能深刻地"跳出"习惯性的适应与反应方式（Kabat-Zinn, 2003）；（2）自我观察性觉知，包括对心理过程给予带有元认知性质的"自我调查"以及对带有接纳性的自我反思状态进行富有好奇心、开放性和爱意的整合；（3）反射性觉知（a reflexive awareness），涉及对觉知本质的觉知，这意味着拥有更多即刻认识自我当下心理活动的能力，且并不需要更多的意志努力和言语参与其中。因此从这个层面上讲，自我觉知与自我认知的转变与提升是毕生发展的，对自我的正念觉知、开放、认知领悟程度越高，个体的心理健康程度、幸福感就越高，自我获得的心灵自在感、灵活性、适应性就越高，体现了一种更为和谐、灵活而健康的反应方式（Berkson, 2005）。

三、正念自我与倾向性正念

"倾向性正念"（Dispositional mindfulness）是指个人随着时间的推移保持正念状态的能力和倾向（Brown et al., 2007），包括持续发展良好的注意力和抑制控制（Stillman et al., 2014）。它被概念化为一种特质（Goodall et al., 2012）或正念人格（Hanley, 2016）。在操作定义层面，Baer et al.（2006）五因素正念量表——观察、描述、有意识地行动、对内在体验不反应、不评断内在体验——通常被用来衡量一个人的正念品质（Baer et al., 2006）。许多研究表明，较高的倾向性正念有益于广泛的心理和社会结果，包括生活满意度的提高、更多的积极影响、更少的消极影响（Brown & Richard M Ryan, 2003）以及自尊心的提高（Pepping et al., 2013）。还发现，倾向性正念与每个人格因素显著相关（Hanley, 2016）。

　　显然，正念自我和倾向性正念是两个相互关联但不同的概念。如上所述（见表 1），正念练习可以带来积极变化的两个方面：（1）认知和行为，主要与正念相关；（2）自我观和态度。虽然五因素正念量表可能包括接受和开放等态度，但它并没有直接捕捉正念态度。因此，正念自我可以被视为正念练习的"结果"，或者是那些具有高度正念特质的人的态度方面。许多研究表明，对自我和他人态度的积极改变在正念及其心理影响之间起着重要作用（Adair & Carrie, 2013; Xu, Oei, Liu, Wang, & Ding, 2016; Yang & Mak , 2016）。如果在基于正念的治疗过程中没有培养积极的态度，例如接受和平静，那么意识本身可能对心理健康没有多大贡献（Cardaciotto, Herbert, Forman, Moitra 和 Farrow, 2008）。此外，提高认识甚至会对患有恐慌症和慢性负面情绪的患者产生不利影响（Mor & Winquist, 2002）。因此，有必要区分与正念相关的两个方面——行为倾向和态度。这种分离不仅有利于研究正念与心理健康的内在机制或关系，也有利于心理干预和教育。如果实证研究要揭示正念练习 / 干预中的正念自我在促进心理健康或减轻某些心理症状方面的积极关系或作用，我们可以在心理干预的过程中"操纵"正念自我，并在心理干预的过程中直接培养它。总的来说，我们认为正念自我和正念是两个相互关联但不同的概念。研究正念背后潜在的态度变化是很有价值的，而正念自我是这项工作中有意义的一步。

　　鉴于正念自我与上述相关概念之间的巨大差异，我们认为有必要在理论上提出一个新概念来描述与正念冥想练习或干预相关的自我的积极变化。作为定义，正念自我被概念化为通过将佛教心理学中的一些思想内化和整合到一个人的自我系统中的过程而获得的一种正念开明的自我观点和态度。第一，正念自我承认人类在物质和精神上都有许多基本的欲望和需要，因为没有人在世俗生活中无需要、欲望或歧视。第二，正念自我强调我们不应该过度认同或过度依附于一个人的各种欲望和需求，无论它们是多么积极或消极。第三，正念自我重视理解自我的缘起性空、无常的本质，将其视为一个流动的过程，或者只是一种心理现象而不是一种产品，这似乎是成为一个人的一些重要因素（Rogers & Ransom，1961）。也就是说，有觉知的人不再将经验内容视为客观事实和对现实的直接"读出"（Jankowski & Holas，2014）。第四，正念自我强调精细的自我意识和自我灵活性的重要性，以及"普通人"的态度在促进自我和保持心理健康方面的重要性。第五，正念自我鼓励人们改变自我的态度或观点，将自我视为过程而不是"实体"或物化的结果 / 产物，其中正念构成了自我超越的促进者，当人们在他们的相对现实中挣扎时，我的自我体验；它是一种通过支持自我作为过程的综合趋势来组织行为的资源（Ryan & Rigby，2015）。

总而言之，就世俗个体而言，我们不能生活在具有"空"或"无我"特征或本性的绝对实相中。我们不能活在世俗生活中绝对不二元论和绝对不分青红皂白的层次。世俗修行的目的，不是超越佛教所宣扬的生死轮回，而是将佛教心理学的精髓内化、有机地融入自我系统的意义，在于启迪智慧。例如不执着，放手以减轻我们的痛苦并应对生活中不确定的挑战。然而，我们可以在相对层面上保持对自我或现有经验的觉知，同时认识到经验的现实意义（Gyatso，2002）。

事实上，据推测，充分练习正念将引导一个人走上"中道"（Hanh，1999）——寻求自我与无我之间的整合。作为一种状态性"结果"，我们将其概念化为正念自我，将自我视为具有觉知的过程。自我过程越充满正念觉知性和正念态度，个体就越能体验到他或她的行为的自主性，他或她的行为就越发的真实（Ryan & Rigby，2015）。

第五章

正念自我量表的编制

在第四章,我们基于已有的大量实证研究提出了正念自我这个概念,并在理论层面阐释了正念自我的内涵。同时,第四章的分析认为正念自我代表了一种更为健康的自我观,代表着一种新的自我发展路径。接下来的主要研究工作是试图在实证层面验证第四章所提出的一些关于正念自我的基本主张与假设。这就需要建构与编制一个反映不同个体或群体的正念自我水平高低的测量工具。因此,本章节的主要研究内容是正念自我量表的编制。心理量表的编制涉及结构维度的建构、项目设计、项目分析、信效度验证等具体工作。为了更深入全面、准确地凝练正念自我的维度结构,我们采用自下而上(基于开放性问卷调查的质性研究)和自上而下(基于文献研究法的理论归纳)相结合的研究方法进行量表维度的建构,然后再利用探索性因素分析和验证性因素分析等统计方法进行量表信效度的检验。

第一节 正念自我内涵的质性研究

研究目的

采用质性研究方法对开放性调查收集的经验资料进行分析与归纳,以凝练出反映正念自我内涵与结构的心理概念或特征词。

调查工具与方法

　　受限于国内目前从事正念冥想心理学研究的科研人员比较少，分布比较零散等实际情况，我们未采用深度访谈法进行质性研究，而是采用了"方便抽样原则"和"目的性抽样（也称理论性抽样）原则"进行了基于正念冥想领域专家的开放性问卷调查。即按照研究目的抽取能够为研究问题提供最大信息量的研究对象（Baker et al., 2015）。在这里，正念冥想/禅修专家的入选标准是：（1）完整地参与过一次及以上标准的8周正念冥想减压或正念认知疗法（合格师资）培训课程；（2）累积正念冥想/禅修时长超过80小时；（3）从事与正念冥想有关的学习/科学研究或临床工作。我们认为这个遴选标准是合理而有效的，其主要依据有二：一是大量的实证研究表明为期8周的正念冥想干预训练能显著地促进个体的自我认知以及自我友善、接纳等态度的积极转变；二是根据卡巴金的8周正念减压课程的时间安排，完成标准的8周正念冥想练习所累积的练习时长（指导练习时间和课后自行练习时间）为72小时（30+42）（Kabatzinn, 2011）。

　　本研究围绕"正念冥想对自我的认知与态度的积极影响"这个主题设计了8个开放性问题如问题1："通过正念冥想练习，你获得了哪些方面的改变或收获？问题2：您认为一个拥有高质量、高水平"正念倾向性"的个体对"自我"有些什么样的认识或看法？完整的问卷设计与问题内容见附件1）。从问题的内容结构来看，这8个开放性问题涉及个体对自我的认知、情感、行为等多方面内容的调查。要求被调查者根据他的理解用短语、短句回答上述8个问题。

被试

　　为加深对正念冥想的理论与实践学习，笔者分别于2016年7月和2016年11月在广东南华寺、北京、上海精神卫生中心参加了"禅悦行""接纳与承诺疗法精品课程培训"和"临床中的正念——正念认知疗法连续培训项目"

等项目的学习与实践。根据方便抽样原则和目的性抽样原则，我们主要从这3个学习班中通过线上线下的方式发放了此次调查问卷，一共收回有效问卷26份。被试的基本背景信息如下：（1）平均年龄（M±SD）：35.20±9.99；（2）累积正念冥想/禅修时间>80小时；（3）均参加过一次完整的8周正念培训课程；（4）正念冥想的效果自评：3.42±0.98（M±SD）——正念冥想效果自评是设计了1个5点自评题项，让被调查者进行自评报告，得分越高，表示被调查者认为正念/冥想对他们的自我认识和自我态度的积极改变程度越大；（5）职业情况：从事正念治疗工作的临床心理学家1人，心理咨询师8人，精神科医生5人，大学教师/心理学硕博研究生等12人（包括应用心理学、临床心理学、发展与教育心理学）。

数据处理与结果

首先采用武汉大学 ROST 虚拟学习团队开发的内容挖掘软件 ROST 6.0（Content Mining System 6.0）进行内容分析。具体来讲，先将 26 位正念冥想专家对上述 8 个问题的答案整理成一个文档，然后利用 ROST 6.0 进行分词、词频分析和语义网络分析，得到结果图 5-1 和图 5-2，其中图 5-2 中的字体大小，表明了相应词频的高低。

其次，为更好地理解和归纳正念自我概念的内涵与特征，我们根据质性分析的一般程序和方法对原始数据进行了人工的整理、编码与归类（Baker et al., 2015）。由于本次调查不是深度访谈，没有庞杂的原始资料，故我们采用了内容分析方法。该方法要求将访谈或调查内容进行概念化分类，并将分类结果加以诠释，建立自己的理论。该方法完全依托文本信息，要求理论建构者必须不断地回到文本中，逐字进行编码。我们主要分 3 个步骤来完成原始数据的编码分析。

第一步，原始资料的阅读与整理。对原始资料按问题进行资料的汇总，并对原始资料进行多次的阅读达到对所有内容十分熟练的程度。

第二步，通过微观分析，进行开放性编码。通过逐句地对资料进行分析与理解，并对句子进行概念浓缩和初步定义，是对原始资料的一个概念化的过程。如将"积极抓紧时间生活"编码为"活在当下";"不钻牛角尖、换个角度想问题"编码为"去中心化""认知转变";"不以物喜、不以己悲"编码为"顺其自然"等。

　　第三步,在开放性编码的基础上进行主轴性编码。在对相关概念或主题之间的关联性进行思考的基础上做进一步的概念类属归纳,主要在维度层次上进行类别关联,如将自我觉知、不评判、当下、正念、有觉知的行动归为正念觉知。通过多次的编码与归纳分析,我们得到了 26 份关于正念自我内涵的质性分析结果。我们将之归纳为正念觉知、慈悲、接纳等 6 个不同的上位概念,见表 5-1。

表 5-1　"正念自我量表"内涵的类属归纳表

概念词	内涵描述词
① 自我洞察	内心澄明、领悟力、无常、无我、正念觉知、有觉知的行动、空性
② 自我慈悲	慈悲、爱、同情、宽容、尊重、包容、自我关怀 / 友善
③ 自我接纳	自我接纳、接纳他人、开放、不回避
④ 不执着	灵活性、顺其自然、释然 / 放下、无为、认知去融合
⑤ 静定	平静、平和、稳重、坚定、理性、自律、耐心

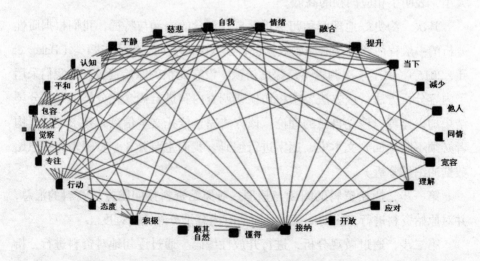

图 5-1　"正念自我"量表的语义网络图(编码前的内容挖掘)

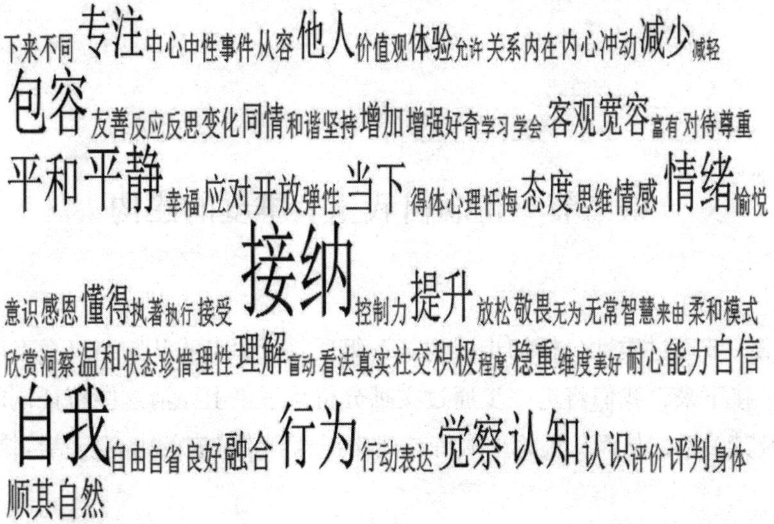

图 5-2　"正念自我量表"的内涵特征描述的可视化结果（编码前自动分词提取的结果）

　　从图 5-2 和表 5-1 来看，利用内容挖掘软件归纳的结果和人工编码归纳的结果具有一定的一致性，结果表示的是正念冥想练习者认为正念冥想对个体对自我的认知看法、态度、情绪情感、行为都产生的重要影响和变化。（1）自我认知方面：a. 具有更高的专注力和觉察力；b. 认知思维方式的积极转变，主要为去自我中心化，去自动化、灵活性。如有被试描述："看法更加积极，不钻牛角尖""自动化行为模式降低、有意识行为增加"；c. 自我认知视角的转变，能从观察者的角度来认知自我；d. 对自我本质的认知领悟，如无常性、活在当下、真实体验、与自己同在等。（2）自我情绪情感方面的主要特点可进一步归纳为"平和、静定而富有慈悲心"。（3）行为或行为倾向方面的主要特点可归纳为"乐观而有觉知的行动"。（4）对自我的总体态度是接纳而开放。

第二节　正念自我量表维度的建构

第一节通过质性分析初步得到了一组反映正念自我认知与自我态度的特征词。接下来，我们将进一步通过文献分析从理论上厘清这些特征词的基本内涵及其关系，从而从理论上凝练与建构正念自我量表的内容与结构维度。

自我洞察

自我洞察（self-insight）被认为是实现满意、真实生活的重要品质（Wilson & Dunn，2004），是个人有意义的成长和发展的基础（Carlo，2009），但是现代心理学对自我洞察的科学研究甚少，涉及洞察和自我洞察的研究领域主要是认知心理学和临床心理学。在认知心理学的问题解决研究领域里，"insight"（顿悟/洞察）是指人们对某一问题的"突然"理解或在任务相关概念或技能间突然形成新颖的连接。这与临床心理学家的理解在本质上具有相通性，如Grant等认为自我洞察是个体理解自己的思想、感受、行为的澄明性，是指对自我清晰明了的理解（2002）。这种洞察被认为是认知与行为疗法的重要机制，是有目的的、直接影响心理与行为的改变过程的核心要素（Carver & Scheier，1998）。通过相关文献的梳理，我们认为目前对自我洞察的理解可概括为以下三种主要观点：（1）将自我洞察理解为一种准确的自我知识与觉知，其重要特征是有意识的觉知（conscious awareness）——涉及对心理活动的原因、内容、作用等方面的觉知（Carissa et al.，2018），或者说涉及对自我在客体、知觉者、研究者三个层面的理解（Robins & John，1997）。如有研究者认为自我洞察可能涉及：（a）对自我的客观认识或正确的判断；（b）对个体的动机、行为或症状的理解；（c）能自我接纳的态度等方面（Perugini & Leone，

2009）。这与一些人本主义心理学家所说的自我觉知的内涵具有较高的一致性，如马斯洛认为自我觉知涉及对自己内在需要，快乐、能力、恐惧、异常状态的知晓（Maslow，1971）。（2）将自我洞察理解为一种与自我有关的元认知能力或知识。如正念的元认知模型（Jankowski & Holas，2014）将自我洞察视为一种关于自我的元认知能力和元认知知识，这些知识主要是指有关自我的本质以及自我与他人关系的洞察与领悟，具有某种程度的"元认知""反射性认识"的成分（Alain，2011）。（3）自我洞察也是东方文化尤其是印度的佛教与中国禅宗文化的重要概念。其中中国的禅学本身就被认为是洞察生命本性的"艺术"，其最终目的是努力寻求自我开悟，这里所说的开悟不是沉醉在自以为清醒的恍惚状态，也不是意识分裂状态，而是对真实自我的完全觉醒（铃木大拙 et al.，1988）。同时，禅宗认为要获得开悟是不能通过向外寻求，或者通过理性、抽象的概念化方式能得以实现的，而是要通过物我一体的真实体验得以实现。可见，从佛教与禅宗的视角来看，自我洞察是指对自我的无我本性的深刻理解，这种洞察是具有整体性、直觉性的。

综合来看，自我洞察关涉的是个体对自我准确的觉知与理解，而第 4 章正念自我的理论建构部分的分析已表明正念觉知是促进自我洞察与领悟的重要因素（Raffone et al.，2010）。因此，我们认为正念觉知既是自我洞察的重要组成部分，又是自我洞察的重要基础与方法。深刻的自我洞察不仅需要以非评判的觉知为基础和方法，也需要对觉知内容的整体性的理解。反之，良好的自我洞察对个体的心理与行为有着重要的积极作用，能促进个体的自我觉知与其内在经验以及外在（目标）行为间的一致性与和谐性（Leclerc et al.，1998）。与个体自我觉知的一致性意味着个体具有按照自身的自我意象和价值行事或做决定，具有抵抗社会压力的能力；与自己经验的一致性反映了个体具有充分的觉知和清楚地意识到他自己、他人、乃至这个世界正在发生着什么的能力。当个体的自我概念与他 / 她的经历相对一致的时候，他的自我实现的倾向性就会得以顺利发展。这样，个体就能成为一个开放的、具有较少防御性的、功能完整的人（Rogers，1977）。因此，在正念自我的理论框架下，我们把自我洞察的内涵作为正念自我的要素之一，涉及正念觉知和整体理解两个基本内涵，反映的是个体对自我认知信念、思维模式、情绪与行为反应模式的总体觉知与理解。

自我接纳

自我接纳作为东西方文化中的一个重要概念在心理学的临床研究与实践中十分受重视（乐国安 et al., 2005）。现在一些研究者更是把自我接纳看作是一个比自尊更有利于心理健康的积极品质，看作是自我实现、获得幸福、开悟、平静的基础（乐国安 et al., 2005），是自我管理、有效进行人际交往以及有效进行情绪管理的重要组成部分（Vaccarino et al., 2013）。大量研究表明自我接纳往往与低焦虑、低自恋、低抑郁倾向、低不合理信念以及对批评的较好容忍等现象密切相关（钟建安，张光曦，2005）。对于接纳的内涵，一般是指对自我的缺点 / 缺陷的承认或接受与容忍（乐国安 et al., 2005）。理性情绪行为疗法更是强调无条件自我接纳，提倡个体对自己完全的、无条件的接受，无论他的行为明智与否、正确与否、恰当与否，也无论他人是否赞同他、尊重他或者爱他（Pomeroy & Ellis, 2014）。

现在越来越多的心理学家进一步把自我接纳概念化为对自我经验的接纳，即是对自我经验的不回避。经验回避（Experiential avoidance，EA）是 Hays 等基于行为的功能性分类而提出的一个用于描述个体有意控制或逃避心理事件（想法、感觉、感受）的概念（Hayes et al., 1996）。现在大量研究表明经验回避是众多心理问题或心理疾病的核心表现。其中接纳承诺疗法（ACT）更是把经验回避作为心理病理模型（心理僵化）的六个核心构成要素之一。从经验回避的定义来看，其对立面——经验的不回避就是接纳。这也直接地反映在 ACT 的治疗模型——心理灵活性模型中。在 ACT 中，接纳意指对当下不断发生的心理事件的主动"拥抱"而不必去试图改变它发生或出现的频率与形式。ACT 认为经验回避是心理僵化的表现形式，心理治疗的关键在于通过接纳、认知去融合等六个对应的核心过程来提升心理灵活性。从理论上来讲，只有当个体不刻意逃避 / 回避那些不愿去面对的心理感受与想法的时候，我们才有可能更好地认识、理解这些感受和想法，从而有助于相关问题的解决。因此，自我接纳意味着有能力和意愿让自己或其他人看到真实的自己，敢于接纳觉知到并承认关于过去的"错误"与痛苦（Carson & Langer，2006）。由于正念自我强调正念觉知的重要性，正念觉知也就意味着个体不去回避任何（尤其是令人厌恶的、不愉悦的、恐惧的）身体感觉、情绪感受、各种想法与念头。这就需要个体有对自我开放的意愿，敢于去面对自我的意愿和勇气，同时要有不把自我经验（想法）当成当下的自我的自我知识。由此我们也可以看出，自我接纳不仅内隐地体现了对自我深刻的洞察，它更是一种"关于心的行为"（Mikulas，2008）。如果个体能承认并允许他曾试图压抑、回避的自我经验的自然出现，同时能带有正念觉察和洞察地把这些经验看作是对现在不会有实质性伤害的心理事件而不再陷入其中，那么个体的内在痛苦、斗争、因防御而产生的心理耗损就减少了，内在自我的和谐自由也就增加了。因此，在正念自我的理论框架下，我们把自我接纳概念化为对自我经验的不回避，并作为正念自我量表的一个重要维度。

静定与不执着

静定 ①（equanimity）与不执着（non-attachment）是两个密切相关的佛教心理学概念，同时二者又和正念相关联但又存在实质性区别。近年来，大量研究表明静定、不执着作为一种独特的富有东方文化的概念，代表着一种独特而有益的自我态度，对冥想心理、心理健康的保护、改善负性情绪具有重要的积极作用（Monteromarin et al.，2016；Wang et al.，2016）。

佛教心理学认为"我执——对自我的执着"是人类一切痛苦与烦恼的根源，摆脱痛苦获得自在的关键就在于"断除我执"（熊韦锐，于璐，2010）。根据《成唯识论》，对"自我"的执着既涉及对各种正向的、利乐趋向的外

①　静定在中文语境的佛教典籍中通常被译为"舍"，多见于"四无量心"——慈、悲、喜、舍。这里的"舍"意指"舍弃怨亲等分别，乃至自己的财物身命，也包括舍弃烦恼及过分的慈悲喜乐等，以保持平静空寂的心境。"四无量心中的"舍"对应的英译术语是 equanimity，equanimity 来自拉丁语 æquanimitas，意指一种不被情绪、疼痛或其他因素所扰动的稳定而沉着的心理状态。根据 Gil Fronsdal 的介绍，英文 equanimity 对应于巴利语（Pali）upekkha\tatramaj jhattata 的翻译。upekkha 意指"端详（to look over）"，在印度有时也指"耐心地看（to see with patience）"；而 tatramajjhattata 意指"站在它的中间"。因此，静定意指不被所见所闻吸引或影响的观察力以及无论发生什么都能保持于至中（中立）而不被动摇的定力（情绪与认知的稳定性）。

在刺激与感受的渴求、贪爱与认同；又涉及对各种负性的、令人痛苦的感受、想法与事件的固着与嗔恨。从时间维度来看，不执着又可理解为对过去自我概念与经验（历）的不执着，对未来自我意象的不执着以及对现在自我的不执着。这即是《金刚经》所说的："过去心不可得，现在心不可得，未来心不可得。"但值得注意的是佛教心理学的不执着并不是一种禁欲主义或者与社会脱离关系，而是把不执着看作是真诚地关怀自己与他人以及采取行为减轻痛苦的先决条件（Harris，1997）。它是一种建立在对自我以及心理表征的无常性的觉知与领悟基础上的人生哲学态度，告诫人们想要获得自在就要对那些让我们产生"我痴、我见、我慢、我爱"的内外刺激既不在认知层面上给予过度的投入、沉迷与固着，也不要在情感上过度的卷入。

在心理学研究中，不执着被视为一种积极的心理品质，这种品质表现为既不固着于任何想法、感觉或物体，也对各种成就、得失或变化没有内在的压力感。Sahdra 等把不执着定义为对自我相关经验灵活而平衡的处理方式（Sahdra et al.，2010）。这也得到了一定的实证支持。Wendling（2012）认为不执着可能是心理灵活性的关键过程，其研究发现不执着与心理灵活性（使用的是 AAQ-II；$r=0.56$，$p<.001$）显著相关，不执着与自我慈悲能共同解释心理灵活性 42.2% 的变异。尽管如此，我们认为仍不能将不执着与心理灵活性这两个概念等同视之。心理灵活性（Psychological flexibility）是接纳承诺疗法（acceptance and commitment therapy，ACT）的核心概念，被认为是影响心理健康的重要因素或重要的心理功能（Gloster et al.，2011；Kashdan & Rottenberg，2010），对日常的幸福感和持续的心理健康具有重要意义。在 ACT 里，心理灵活性被定义为在个体有价值行为的持续进程或改变中，对当下的全然接触，同时与自己的想法、感受之间没有不必要的自我防御（Hayes et al.，2006），包含 6 个核心过程：（1）接纳（acceptance）；（2）认知去融合（cognitive defusion）；（3）情景化自我（self-as-context）；（4）此时此刻（being present）；（5）澄清价值观（value）；（6）承诺的行动（committed action）。从更一般的视角来看，心理灵活性具有更为宽泛的含义，Kashdan 等分析认为心理灵活性涉及：（1）对不断变化的情境要求的适应；（2）心理资源的重组与分配；（3）观点和视角的转换；（4）对竞争期望、需要、生活领域间的平

衡（Kashdan & Rottenberg，2010）。BenItzhak 则认为心理灵活性意味着个体：（1）对变化的积极知觉；（2）自我描述的灵活性；（3）自我描述的开放性和新颖性；（4）对现实动态性与变化性的知觉；（5）对现实的多维性知觉（BenItzhak et al.，2014）。由此可见，不执着虽然反映了心理灵活性，但其本身并不能等同于心理灵活性。不执着主要强调的是接纳经验对象的起落变化，允许他们来去自如。它更多地是反映了一种顺其自然的接纳态度，表现为既不沉迷或痴迷于对各种快乐或物质财富的追求，也不固着于各种令人痛苦的事件、记忆、想法而不放。由于不执着强调对任何刺激、现象与事件都不"固持己见"，从而也就使得个体表现出了良好的灵活性。因此，不执着似乎更像是心理灵活性表现出的一种内在机制，而不是心理灵活性本身。

不执着所体现出来的这种既不过度渴求与认同，又不过度固着与回避的态度与另一种品质——静定密不可分。在东方文化中，尤其是在佛教或道教里，静定被认为是一种可以通过冥想、太极或瑜伽等形式得以发展的积极健康的意识状态或品质，是获得智慧和自在的基础，也是（施行）慈悲和爱的保护性因素（Fronsdal，2004）。根据佛教的四无量心，佛教讲的静定是指一种"舍去所有分别心"的不执着态度。如果一个人舍掉了所有的"我执"，便无任何的贪心、痴心、嗔心，如此便得自在静定之心。也即是说"了无执着，便得静定"。反之亦然。恪守静定之心，便无执取之意。

"静定"在西方的心理学研究中被一些学者概念化为一种在对待任何经验和客体（无论这些现象所带来的情绪效价是愉悦的，还是不愉悦的或中立的）时都表现出来的镇定自若（even-minded）的心理状态或倾向性（Desbordes et al.，2015）。它是对认知情绪的超然（Detachment），既不回避（Brahmana，2016），也无明显而强烈的情绪反应（Desbordes et al.，2015）。静定的这种情绪的"低反应性"并不代表"冷漠""压抑"，而是"沉着冷静"的智慧表现，是对自我当下体验的纯然觉知与完全接纳时所表现出来的一种镇定感与平静感。其目的在于培养一种同等对待愉悦与不愉悦的情绪与想法，乃至万事万物的平衡与平等的心态，允许思绪自由流动而不生浊染之心或倾注之心，并接纳当下的感觉、知觉、想法与意识（Brahmana，2016）。另外，静定还表现为从不平衡与执着状态中快速恢复平衡的能力（Desbordes et al.，2015）。这一观点得到了一定的实证研究支持。如 Levenson 等使用"吃惊反应"实验（a startle response test）对冥想中的藏族僧人进行了"强噪音反应实验"，研究发现冥想者产生的生理反应和面部反应较小（Levenson et al., 2012）。另外，fMRI 研究的结果发现在进行冥想后，被试的杏仁核脑区能更快速地从负性刺激中恢复到基线水平（Goldin & Gross, 2010），研究者认为冥想人士杏仁核的去活化能力可能与静定状态有关（Desbordes et al., 2012）。由此可见，静定反映了一种稳定与平复情绪的能力以及抗干扰的能力（Li & Ahlstrom, 2016），是一种典型的"以静制动"的情绪调节策略。综合前面有关不执着的内涵分析，在正念自我理论框架下，我们主张把静定视为不执着——对自我经验既不过度渴求与认同，又不过度固着与回避的态度——的内在品质要求，并把（含有静定的）不执着视为正念自我的重要维度之一，其关键特征是对自我经验既不产生过度的认知性认同（或固着），也不产生过度的情绪反应。

根据上述分析，我们不难看出，（含有静定的）不执着与正念具有关联又有实质性的区别。从概念内涵上的差异来看，正念的核心内涵是一种开放的觉知过程；不执着的核心内涵是对待正念觉知对象的一种特殊的"认知与情感加工方式"——既不在认知上过度痴迷固着，也不在情感上过度卷入。从更为宏观的认知视角来看，不执着反映的是一种平等而慈悲地对待自我与他人的世界观（Jovasevic et al., 2015）或智慧（Etkin et al., 2019），而正念是培育这种世界观或智慧的必要方法或路径。从实证研究的结果来看，不执着与正念也是两个不同的构念。Sahdra 等基于测量学的实证研究也表明不执着与正念觉知之间是具有区分度的，它们之间只有 0.4 的相关程度。为检验不执着与正念之间的关系，她们把不执着量表的题项作为正念的一个维度进行了结构拟合，但是拟合结果并不理想。可见，不执着与正念有着质的区别。尽管如此，不执着与正念之间又有着重要的关联。一方面可以说正念是不执着的基础。如果个体对他 / 她的自我经验没有较为全面准确而敏锐的觉知，那么个体也就难以对这些自我经验（想法 / 感受）保持一种静定与不执着的态度。这得到了相应的实证研究的支持。有研究表明具有正念冥想练习经验的个体的不执着得分要显著高于非冥想练习者（Nelson & Norton, 2005）。另一方面，Sahdra 等认为不执着是正念产生积极效应的重要机制，其研究结果表明不执着在正念与生活满意度之间起着显著的中介作用（Nelson & Norton，2005）。除此之外，也有研究者从佛教心理学的视角指出，不执着和正念是佛教中两个具有支柱性的美德，二者共同在洞察冥想练习中发挥着重要作用（Jovasevic et al., 2015）。总之，无论是佛教里面，还是在心理学的科学研究框架中，不执着都被视为一个富有正念意涵的积极构念。

自我慈悲

在佛教里，尤其是在大乘佛教里，慈悲被认为是净心、治心（对治怨恨、残忍、嫉妒之心）以及保护自我和他人的重要力量和方法（Sparks, 2015），也是一个人获得完全觉醒之智慧不可或缺的根本组成部分（Harvey, 2000）。佛教慈悲观的理论基础是缘起论（Raes et al., 2011）。缘起论认为世界万物皆是因缘和合的暂时现象，一切都是无常、无自性的。因此，大乘佛教认为每个人从最根本的角度上来讲，都是平等的，都不能主宰其自身的生活与生命，都同样面临着生老病死等根本性的痛苦。这就形成了人生的一种根本性需要——抚慰痛苦、缓解痛苦、消除痛苦，由此佛教便产生了"无我平等""同体大悲"的慈悲观（彭彦琴、沈建丹，2012）。佛教慈悲观是一种超越自我中心的，既可自利、又可利他的双向情感融合，是对生命深切关怀的自然体现（彭彦琴、沈建丹，2012）。因此，佛教慈悲观是对人类普遍痛苦的洞察与解救，充分地体现了自利利他、同悲共乐的人本主义思想。在慈悲的践行上，佛教慈悲观强调自我奉献和自我牺牲。在中国的佛教践行中，则主要强调布施和不杀生（Raes et al., 2011）。

近十年来，慈悲被视为一个积极心理学概念也得到了心理学家的大量研究。相应的研究主要表现在两个方向：一是围绕"慈悲"本身的含义、结构、测量等问题展开的系列研究；二是慈悲与自我相关研究的整合，以"自我慈悲"的研究为代表。在现代心理学研究中，慈悲是一个与仁爱（友善）、移情、同情、爱等概念密切相关但存在区别的"复合概念"。心理学界对慈悲内涵的理解，既存在分歧，也有一定的共识。通过对心理学领域中有关慈悲研究文献的系统梳理，我们认为慈悲心理本质上是一种超越功利性的利他行为倾向性，这种利他性是基于对整个人类普遍痛苦的深刻认知与领悟后的道德自觉。最近的研究表明慈悲的这种发展与个体的宗教性无关，而与个体的精神性发展密切相关，是个体精神性良好发展的体现（Saslow et al., 2013）。这种发展使得个体把基于亲缘关系间的无私关爱与奉献拓展到了普遍人类，用这种充满移情与关怀的方式把人类联结在了一起（Peterson, 2017）。在慈悲的自我研究领域里，Neff 博士根据佛教慈悲概念提出了自我慈悲（self-compassion）这个概念。自我慈悲的提出旨在通过自我导向的关怀来拓展自我认知的广度及深度，以寻求自我的完善（彭彦琴，沈建丹，2012）。大量研究表明自我慈悲是调节正念与心理健康与幸福的关键性因素（Hollis-Walker & Colosimo, 2011）。对自我慈悲的内涵，NEFF（2003）认为自我慈悲涉及对自己的痛苦的开放和关怀，而不是回避或孤立它，并用友善去治愈它从而达到减轻痛苦的目的；同时她认为自我慈悲涉及对痛苦、不足、失败的非判断性理解，并将个人这种痛苦体验看作是人类的一种普遍经历。

从佛教慈悲观的内容来看，慈悲可分为自我慈悲和对他人慈悲。因此，自我慈悲在本质上是佛教慈悲内涵的不同表现——指向自我，是个体基于对全人类（包括他自己）的普遍性痛苦的洞察与理解而表现出来的一种平等的、无差别的自我关怀。这其中的基本内在逻辑是：普天下的人类承受着同样的苦难，有着同样的不完美与不足，所有人都会犯错，所以每个人，包括他/她自己，都值得给予关爱、值得友善对待。所以从理论上讲，自我慈悲和对他人的慈悲在本质上是没有差别的。只是自我慈悲主要强调了对自我的一种优先关怀与善待，这是对他人产生持久而超越功利性慈悲（利他）的重要前提。因此，我们认为自我慈悲本质上是一种基于普遍人性视角的自我关怀，是基于对人类苦难、遭遇的普遍性、共同性的觉知与领悟后表现出来的一种自我态度。这种态度是正念自我的重要组成部分，是正念自我的情感成分。在这里，基于普遍人性的视角意指个体把自己视为整个人类总体中的一员，从一个更为广阔的视角来看待自己的痛苦。这种自我认知视角的转变，会导致个体自我态度与行为的积极转变，有助于减少个体过度的自我批判、自责（Neff, 2003），负性情绪体验如焦虑水平（Dan-Yang et al., 2017）。

正念自我的维度及定义

根据上述质性调研结果以及对相应概念内涵的理论阐释，同时在层面分析理论[①]与态度的 ABC 理论的指导下，借鉴和参考了正念的元认知模型（the meta-mindfulness model）（Jankowski & Holas，2014）、自我意识的结构模型（Nie et al.，2007；Nie et al.，2014）、禅宗的人格结构（李欣，2011），我们在此提出正念自我量表的理论结构，包含 4 个维度，见表 5-2。

表 5-2　正念自我的构成要素及其定义

概念	构成要素	定义
正念自我	自我洞察	对自我的觉知与理解。
	自我接纳	个体不刻意控制或逃离（尤其是负性的）自我经验的意愿与倾向性。
	不执着	一种"顺其自然"地对待自我经验的态度或认知倾向性。
	自我慈悲	一种基于普遍人性视角的自我关怀。

这 4 个要素既相互联系又互有区别。首先，对自我准确而深刻的觉知与理解与个体的态度与行为之间有重要的关联。如果一个人拥有良好的自我觉知和洞察，如洞察到了自我经验的流动性与变化性等特性，那么人们就容易产生顺其自然的、接纳的、不执着的态度。其次，自我接纳、不执着、自我慈悲这三个维度既反映了三个不同的富有正念意涵的态度，又在内隐层面反映了富有正念意涵的自我知识与自我洞察。在正念自我的理论框架下自我接纳是指对个体经验的不回避。这不仅反映了个体愿意去面对、容纳不完美自我（自我意象与概念）的态度外，还内隐性地反映了个体对自我内在经验的性质与心理功能的理解与领悟，如"自我经验不等于自我，经验不等于事

① 层面理论最初是由心理测量学家戈特曼（Guttman）提出的一种研究态度的方法，是行为科学研究设计和理论建构的一种重要策略。它将理论构建、研究设计、变量选择、数据分析及其解释系统系统地整合起来，提供了一种研究设计的框架和范式。该理论重视理论的建构，强调理论建构必须根据内容层面定义所研究的概念，使概念具有共同意义范围。赵守盈：《层面理论原理、方法与应用》，北京：北京师范大学出版社，2010 年。

· 095 ·

实，不完美自我是自我的一部分"等。同样地，不执着与自我慈悲的态度也内隐性地反映了个体对自我的变化性、无常性（因果条件性）（Sahdra et al., 2010）、平等性、（痛苦的）普遍性的理解或领悟（NEFF, 2003）。另外，这三个维度之间也互有联系。如果没有自我接纳的态度，在面对困难情境时个体往往难以保持静定，也很难做到顺其自然。反之，不受习惯性渴求、回避等心理刺激影响的接纳、不执着和静定也有利于价值行为的产生（Hanson, 2009）。总之，我们认为正念自我的这四个要素之间相互关联，共同反映了正念自我的富有正念意涵的自我认知和自我态度的基本内涵。

第三节　正念自我量表题项的遴选

根据各维度的定义与内涵并结合质性分析结果，我们将采取借鉴（用）、修订（改编）、自行编制三种策略来进行正念自我量表各维度初始题项的遴选。

自我洞察维度题项的选编

根据前面的理论分析与界定，自我洞察是正念自我的认知成分，是基于正念觉知的自我认知与理解，是自我洞察、正念觉知、有觉知的行动等质性分析归纳概念的整合。因此，在自我洞察维度的题项的研发选编时，需要考虑到这三个方面的内涵。

首先，我们通过文献分析找到了 Grant 等基于 Fenigstein 等开发的《私我意识量表》（the Private Self-Consciousnes Scale）（1975）而发展出来的《自我反思与领悟量表》。该量表有自我洞察维度和自我反思两个维度，其中自我反思又包括自我反思需要和自我反思（行为）两个因素。在该量表中自我反思是指对自我想法、感觉与行为的检查与评估；自我洞察是指对自我想法、感觉与行为清晰的理解。该量表是由 20 个题项（自我洞察分量表有 8 个题项）构成的 6 点自评量表（1 代表完全不同意，6 代表完全同意）。从该量表的自我洞察量表的具体题项内容来看，该自我洞察量表与我们所说的自我觉知内涵是高度一致的（如"我通常都能觉知到我的想法。""我通常对我的行为方式都有清楚地认识。""我通常知道我为何会按照某种方式行事或行动。"）。这与本研究基于正念自我理论框架下的自我洞察的内涵是一致的。

其次，根据前面的理论建构，基于正念自我理论框架下的自我洞察还应体现正念觉知、有觉知的行动这两方面的内涵。为此，我们还梳理并借鉴了已有相关量表的题项设计。具体来讲，我们主要参考借鉴了正念注意觉知量表（Mindful Attention Awareness Scale，MAAS），Jones 与 Crandall 编制的《自我实现量表》（1986）——该量表中含有自主行动相关题项，以及戴吉（2013）博士编制的《悦纳进取量表》该量表涉及积极进取相关题项。其中，MAAS 是由 15 个题项构成的单维正念量表，主要用于测量个体对正在发生的当下的注意与觉知水平。根据我们对自我洞察的操作性定义并结合前面的质性分析结果，我们在对上述这些量表相应题项的内容与设计意图进行了深入分析的基础上，进行自我洞察量表题项的编制，最后得到该维度 20 个初始题项。

自我接纳维度题项的选编

通过文献分析发现，目前与之相关的量表主要有认知融合问卷（Cognitive Fusion Questionnaire，CFQ）（Gillanders et al.，2014）；接纳与行动问卷（the Acceptance and Action Questionnaire，AAQ）（Hayes et al.，2004）；回避与融合问卷（The Avoidance and Fusion Questionnaire for Youth，AFQ-Y）（Greco et al.，2008）。其中，认知融合问卷是 7 点计分量表，分为认知融合分问卷和认知解离分问卷，共 13 个题目，其中 4 个题项属于认知去融合分量表。CFQ-F 得分越高，认知融合程度越高；CFQ-D 为认知融合反向描述，得分越高，认知融合程度越低，认知解离程。国内张伟晨等（2014）对该量表进行了检验，其中认知去融合的量表没得到验证，只有认知融合分量表的题项具有良好的信效度（内部一致性系数为 .92，重测信度 .67）。Hayes 等研究者编制了接纳与行动问卷用于评估与心理灵活性和 ACT 六大关键过程相关的问题。该量表采用 1（从未）—7（总是）点计分，将 7 条目得分相加，分数越高，经验性回避程度越高。研究表明两个版本的 AAQ 问卷（完整版 16 个题项和简版 9 个题项）均有良好的校标关联效度、预测效度和聚合效度。其中 16 题目版本包含"接纳与正念觉知"以及"价值观行动"两个因子以及一个"心理灵活性"的二阶因子（Bond & Bunce，2003）。随后的一些研究表明由 7 个题项构成的《接纳与行为问卷第二版》是一个具有良好信效度的单维量表，并在社交恐惧症、恐慌症等临床样本和非临床大学生样本中得到了检验（Gloster et al., 2011）。国内研究者对该量表进行了修订与检验，也得到了由 7 个题项构成的单维量表（曹静 et al., 2013）。然而，AAQ 主要是基于心理病理模型开发的，可能并不适合用于更一般情况的经验回避，也忽视了对身体感受的回避相关内容的测量（Schmalz & Murrell, 2010）。Wolgast（2014）更是认为 AAQ 更多测量的是痛苦的情绪与认知症状，而不是对这些痛苦经验的回避。另一些研究者也担心 AAQ 的结构效度，认为它并不是经验回避的上好工具（Gámez et al., 2011）。

Greco，Murrell 和 Coyne 等为测量青少年经验回避而开发了一个单维的回避与融合量表（AFQ-Y）。该量表的一个特点是在题项的编制上尽可能少地使用 ACT 相关的专业术语和专业知识，而是使用了简单易于理解的语言来描述具体的事件与反应。AFQ-Y 是一个 4 点评分量表，有两个版本——17 个题项的完整版和 8 个题项的简版。Greco 等研究表明这两个版本的量表具有良好的信效度（AFQ-Y17:Cronbach's α = .90；AFQ-Y8:Cronbach's α = .83）（2008）。该量表在日本的大学生群体中得到了检验，具有良好的信效度（Cronbach's α =.87）（Ohtsuki et al., 2013）。同时，最近一些研究表明 AFQ-Y8 也适用于测量成人的经验回避，且研究表明该量表比 AAQ 能更好的测量经验回避性（Schmalz & Murrell, 2010），在预测焦虑、抑郁等心理症状时比 AAQ 具有更高的增值效度（Fergus et al., 2011）。Renshaw（2016）的研究也表明 AFQ-Y8 对于高中生的抑郁、焦虑的临床筛选具有很好的区分效度。AFQ-Y8 良好的信效度也在瑞典的青少年被试群体中得到了检验（Livheim et al., 2016）。根据我们对经验不回避的操作性定义，在重点分析并参考了 AFQ 量表的题项设计的基础上进行了自我接纳题项的选取和改编，最后得到 18 个初始题项。

自我慈悲维度题项的选编

为测量个体的自我慈悲，Neff 编制了自我慈悲量表，包括自我仁慈 VS. 自我判断；共同人性 VS. 孤立；正念 VS. 过分认同 6 个分量表，共 26 个题项，评定方式是 5 点自评（1 表示几乎从来不；5 表示总是如此）（Neff,

2003）。该量表提出后，得到了来自不同文化的被试群体的检验和运用。后来，他们又进一步发展了 12 个题项的简版自我慈悲量表。简版的自我慈悲量表保持了原量表的基本维度结构，每个维度选择了两个与各自分量表和总量表的相关系数最高的两个题项。其检验结果表明简版自我慈悲量表获得了堪称完美的检验，与原量表的相关为 0.98（Baer, 2015）。

尽管如此，该量表也受到了一些研究者的质疑。这些质疑主要集中在两个方面：一个问题是该量表的高阶单维性并未得到很好的检验（Azechi et al., 2014; Petrocchi et al., 2014）。这些研究发现高阶因素降低了拟合度。Phillips 和 Ferguson 的研究则表明仅仅是自我慈悲的积极维度（自我友善、共同人性、正念）对积极情绪的预测有贡献（2013）。为此，Costa（2016）等认为自我慈悲是一个由自我慈悲态度、自我批判态度构成的两因素结构模型，分别代表自我慈悲的积极面和消极面。最近 Neff（2016）指出自我慈悲动态的反映了自我友善、共同人性、正念与自我批判、孤立、过度认同间的协调平衡。所以，她认为自我慈悲的两因素结构模型是有问题的，割裂了自我慈悲与非慈悲之间的动态关联。为此，Neff 提出了自我慈悲的双因素模型，每个题项可以直接负载到一个共同因素，也可以作为各自的分量表。对该量表的第二方面质疑认为将孤立、自我判断、过度认同等分量表进行反转计分作为自我慈悲的度量可能是有问题的。为此，有研究主张需要将自我慈悲和自我批判区分开（López et al., 2015）。Muris（2016）指出自我慈悲量表可能并未能有效地测量"真的自我慈悲"，因为该量表有一半的题项并不是在直接测量慈悲，那些负性的题项并未能很好地反映自我慈悲的保护性或积极性属性，所以他建议使用 3 个积极的分量表来反映总体的自我慈悲水平。另外，从逻辑上和理论上来讲，自我慈悲是慈悲的重要方面，应该是对他人慈悲的先决条件，自我慈悲与慈悲应该有显著的正相关，但是研究表明二者似乎不存在显著相关。Pommier 和 Neff（2010）应用 Neff 的自我慈悲模式结构发展出了同构的慈悲量表，结果发现同一样本在自我慈悲和对他人慈悲上没有关联（r=0.07），这在大学生样本中也得到了同样的结果（Neff & Pommier, 2012）。除此之外，该构念存在的另一个问题就是 Neff 把正念作为自我慈悲的一个维度，这给分析自我慈悲与正念的干预效果带来了难度（Talpsep, 2015），如增加自我慈悲是正念干预的"副产品"，还是说自我慈悲是正念干预产生效果的潜在机制。

总之，自我慈悲作为一个新构念，一种积极的自我态度，有着重要的理论意义和实践价值，能很好地反映与预测个体的心理健康问题，但在其内涵的界定与结构测量方面还有待进一步发展与完善。根据前面关于自我慈悲的定义——一种基于普遍人性视角的自我关怀，我们认为 NEFF 的自我慈悲的自我友善分量表和共同人性分量表的大部分题项较好地契合了我们对自我慈悲概念内涵的理解。在此基础上，我们还增加了一些题项，共得到了正念自我理论框架下的自我慈悲维度的 20 个初始题项。

不执着维度题项的选编

根据前面的理论建构，这里的不执着整合了不执着和静定两个概念的内涵。为此，我们梳理并借鉴了已有相关量表的题项。具体来讲，该维度题项的设计与选编主要参考了如下几个量表：单维不执着量表（Sahdra et al., 2010）。费城正念量表（The Philadelphia Mindfulness Scale，PHLMS）的接纳分量表，南安普敦正念问卷（Southampton Mindfulness Questionnaire，SMQ），静定的去耦合模型（the Decoupling Model of Equanimity）Brahmana（2016）；（Hadash, Segev, et al., 2016）。其中，Sahdra 等编制的由 30 个题项构成的单维不执着量表自提出后得到了一系列的检验与不断地发展。如赵舒禾和陈秉华（2013）对原版不执着量表在台湾进行了检验，其研究结果表明整体来讲，该量表在台湾具有良好的信效度（Cronbach's α = .95）。同时，Brahmana（2016）、Desbordes（2015）等认为 Sahdra, Shaver, Brown 编制的不执着量表（Nonattachment Scale，NAS）的部分题项能较好的测量静定心。另外，一些研究者认为一些现有的正念量表的一些维度或题项较好地体现了静定的内涵，如 Zeng 等（2015）认为费城正念量表（The Philadelphia Mindfulness Scale，PHLMS）的接纳分量表以及南安普敦正念问卷（Southampton Mindfulness Questionnaire，SMQ）较好地反应或测量了静定的内涵。总之，根据本研究对不执着概念的定义，我们在借鉴和参考已有相关量表相关题项的基础上进行了相应题项的设计，得到不执着维度 22 个初始题项。

第四节　正念自我量表的验证

正念自我量表的内容效度分析

通过上述工作步骤并结合操作性定义分别对每个维度的题项进行反复斟酌与整理，我们得到了4个理论维度的总初始项目80个。为保证这些题项的内容效度，根据已有研究的建议，一般需要选取不少于2名，不多于10名领域专家进行内容效度的评定，但一般要求5名左右（Grant & Davis 1997），其中要求工具专家（测量学专家）1名（Polit et al., 2007）。由于正念自我这个概念涉及正念和自我两个领域，为此，我们共选择了5名专家，其中心理测量学专家（心理测量学教授/博士生导师）1名，正念冥想领域的研究专家2名（心理学博士/副教授），人格心理学家2名（博士/副教授）。

内容效度的评定过程按照严格的程序和流程通过电子邮件的方式进行。根据已有研究的推荐经验（刘可，2010），我们设计了"正念自我量表的内容效度评定表"，包括：介绍信、评定内容说明、评定表3部分内容。其中"介绍信"主要给每个专家介绍说明为什么会被选为专家，设计这份测量工具的目的和意义，需要专家做些什么。"评定内容说明"部分主要介绍了本研究的目的与背景，概念与维度的定义，量表与评定方式的说明，要求专用1—4级（1= 无相关；2 = 弱相关；3 = 较强相关；4= 强相关）评分法评价这份量表的各个条目与"正念自我"概念的相关性，并在意见栏中给出宝贵意见和建议。同时，研究者建议测量工具还必须经过目标研究人群的检验（Grant & Davis 1997）。为此，借鉴上述内容效度的专家评定方法与程序，我们随机选取了22名不同专业（涉及理工科、人文社科、艺术类）、不同年级大学生从"文字的易读性（通畅性）""语义的理解性""语句的清晰性（有无歧义）"3个方面对该问卷的每个题项的质量进行总体的4点评定。1表示该题项质量很差，2表示差，3表示可以接受，4表示好。内容效度计算的常用指标是内容效度指数（content validity index，CVI），包括条目水平的CVI（item-level CVI，I-CVI）和量表水平的CVI（scale-level CVI，S-CVI）。对于量表水平的内容效度S-CVI，为降低评定误差，研究者推荐使用平均内容效度指数，即所有项目的项目内容效度的平均值，并要求该值达到0.9以上（刘可，2010）。

　　按照以上原则，我们计算了每个题项的专家评定内容效度和被试评定结果，同时结合专家和被试给出的建议和意见，其中专家和学生提出的比较一致的问题是部分题项过于抽象与专业化。因此，我们再删除了部分题项，同时对相应的题项进行了修改，使得题项更为通俗易读。最后得到77个初始题项，构成正念自我量表的初始测试问卷，采用7点likert自评计分法，其中反向计分题项28个。

正念自我量表的项目分析

数据的采集

　　采用整群抽样法和随机抽样法两种方法进行数据的收集。被试来自正念冥想练习者和非正念练习者两个群体。对于非正念冥想被试的抽取，利用"问卷星"网络平台在不同地区、不同层次的高校中针对不同专业、不同年级进行整群抽样。对于正念冥想群体被试的抽取，是通过国内6个总容量为1473人的正念冥想微信/QQ群发布网络问卷进行的随机抽样。此次调查共收集数据624份，剔除无效数据164份（剔除标准有两个：一是存在两个以上的漏答项；二是以中位数为参考估计值，问卷作答时间明显过长或过短），最后得到有效数据460份，相关数据的描述统计信息见表5-3。

表5-3　正念自我量表初始问卷调查描述统计结果（N=460）

性别（N）		年龄（岁）		有无正念经历（N）		职业（N）	
男	女	范围	平均年龄（$M\pm SD$）	有	无	学生	已毕业/社会人士
90	370	17—53	22.85 ± 6.06	153	307	377	83

数据的处理与分析

采用临界比率法和相关分析法进行项目鉴别力 / 区分度的检验。临界比值（CR）是项目分析中用来检验问卷的题项是否能够鉴别不同被调查者的反映程度的指标。如果 CR 值达到显著水平（<0.05），表示该题项能够鉴别不同调查者的反应程度。具体方法是将总分按从高到低的顺序排列，得分前 27% 者为高分组，得分后 27% 者为低分组，对高低分组被试在每个题项上的得分进行差异性检验。相关法求区分度的过程是计算各条目与量表总分的相关，若相关系统达到显著水平，则说明各项目区分度良好。临界比率分析和相关分析的结果表明除第 5，36，45，49，54，56，66，73，76 共 9 题外的 68 个项目的临界比率值以及各个题项与总分的相关系数均达到以上的显著性水平（见表 3-4），说明其余项目具有良好的鉴别力（区分度）。

探索性因素分析

对剩下的 68 个题项进行探索性因素分析。首先，采用 KMO 检验和 Bartlett's 球形检验判断数据是否符合因素分析。本研究结果显示 KMO 统计量为 0.92，Bartlett's 球形检验 2（2926）=16648.88，p<.001，表明这些项目适合进行因素分析。其次，选用主成分分析法进行因素探索，因子的旋转方法为主成分法，因子的抽取方法设定为抽取 4 个固定因子。然后，根据因素分析的相关理论要求并参与已有相关研究的做法（程科、黄希庭，2009），我们具体地采用了下列题项选择标准：（1）删除共同度小于 0.3 的项目；（2）项目因素负荷值大于 0.40；（3）每个项目最大的两个负荷之差大于 0.3；（4）项目只在一个因素上负荷值大；（5）如果两个项目相关系数很高，且语义相同或高度接近，则只保留因素负荷较大的一个题项。（6）在保证不降低总体的方差变异解释力的情况下，尽可能减少每个维度的题项，每个维度保留题项 3 至 5 个，以提升量表整体的简约性。通过多次的探索性分析，最终我们得到了 4 个因子负荷矩阵，共 15 个题项，见表 5-5。

表5-4　正念自我量表项目分析结果

题号	临界比值	与总量表的相关系数	题号	临界比值	与总量表的相关系数
A1	4.06	.57	A40	4.58	.57
A2	5.40	.45	A41	5.77	.54
A3	4.60	.51	A42	3.06	.46
A4	4.20	.48	A43	2.47	.29
A5	**1.04**	**.29**	A44	5.14	.57
A6	2.55	.45	**A45**	**1.74**	**.38**
A7	2.43	.25	A46	4.38	.50
A8	6.44	.65	A47	5.57	.63
A9	5.70	.62	A48	3.12	.45
A10	6.11	.52	**A49**	**1.75**	**.35**
A11	5.28	.48	A50	5.63	.49
A12	3.47	.37	A51	4.87	.51
A13	4.59	.46	A52	3.88	.48
A14	6.31	.59	A53	4.67	.49
A15	3.71	.50	**A54**	**0.82**	**.28**
A16	2.66	.38	A55	3.09	.33
A17	4.16	.51	**A56**	**1.20**	**.02**
A18	6.14	.64	A57	3.51	.37
A19	3.26	.36	A58	3.63	.49
A20	4.33	.52	A59	4.40	.63
A21	4.16	.56	A60	5.61	.54
A22	2.67	.31	A61	7.95	.65
A23	3.91	.50	A62	5.98	.58
A24	5.88	.57	A63	3.94	.43
A25	4.24	.53	A64	2.58	.37
A26	6.09	.55	A65	3.92	.37
A27	6.37	.66	**A66**	**1.61**	**−.15**
A28	3.45	.50	A67	3.10	.40
A29	6.82	.59	A68	2.71	.46
A30	5.87	.68	A69	3.20	.35
A31	5.86	.61	A70	3.98	.48
A32	2.35	.36	A71	3.26	.40
A33	4.44	.47	A72	2.98	.30
A34	4.14	.39	**A73**	**1.66**	**.46**
A35	4.89	.55	A74	4.43	.55
A36	**0.82**	**−.17**	A75	4.54	.58
A37	5.20	.59	**A76**	**1.25**	**.14**
A38	5.70	.52	A77	4.22	.50
A39	3.65	.48			

表5-5　正念自我量表探索性因素分析结果

	成份				共同度
	G1	G2	G3	G4	
12. 我经常对自己的行为感到迷惑不解。®	.78				.61
19. 我经常困惑于我的认知思维方式和行为方式。®	.75				.59
15. 我容易陷于人生迷茫之中。®	.73				.60
77. 总的来说，我对自己是什么样的人不太清楚。®	.69				.56
17. 我感觉我的很多行为都是盲目的、随大流的。®	.68				.55
18. 我能快速地从焦虑中恢复过来而不受其影响。		.74			.63
8. 无论面对失败还是成功，我都能保持淡然的心态。		.72			.61
29. 我不容易受到负面情绪的影响。		.72			.59
14. 面对烦恼或痛苦，我能做到只是去观察和注意它们，不会任由它们"摆布"。		.49			.46
41. 心情不好时，我会更关爱自己。			.84		.77
27. 每个人都会经历困苦或磨难，所以当我面临困难或磨难时，我懂得理解、安慰自己。			.69		.76
59. 每个人都有脆弱和痛苦的时候，所以当我面临这样的情况时，我不会觉得自己比别人更可怜或更不幸。			.54		.60
38. 我不敢去"触碰"那些令人伤痛、难堪的往事和经历。				.75	.69
53. 我总在努力抹去令人伤痛的记忆。®				.74	.70
31. 我总是在回（逃）避我不喜欢的想法和感受。®				.56	.56
（总体）各维度方差解释率（%）：61.85	18.85	17.92	13.61	11.63	
整体的内部一致性系数 Cronbach's α：.86	.80	.75	.81	.66	

注：® 表示反向计分题。

　　G1——自我洞察维度 5 个题项，因子负荷范围 .68—.78，该因子旋转后的贡献率为 18.85%，内在一致性系数 Cronbach's α＝.80；G2——不执着维度 4 个题项，因子负荷范围 .49—.74，该因子旋转后的贡献率为 17.92%，内在一致性系数 Cronbach's α＝.75。G3——自我慈悲维度 3 个题项，因子负荷范围 .54—.84，该因子旋转后的贡献率为 13.61%，内在一致性系数 Cronbach's α＝.81。G4——自我接纳维度 3 个题项，因子负荷范围 .56—.75，该因子旋转后的贡献率为 11.63%，内在一致性系数 Cronbach's α＝.66。4 个维度因子的总体内在一致性系数 Cronbach's α＝.86，共解释总方差 61.85% 的变异。

正念自我量表的验证

利用结构方程模型的理论与方法对正念自我量表的四因素模型进行评估。根据相关学者 Bagozzi 和 Yi（1988）的观点，假设模型的评估需要同时考虑到对模型外在质量的检验和内在结构质量的检验。其中，假设模型外在品质的常用检验指标（含相应的标准）有三大类：（1）χ^2（$p>.05$）、拟合优度指数 GFI（$>.90$）、调整拟合优度指数 AGFI（$>.90$）、标准化残差均方和平方根 SRMR（$<.05$）、渐进残差均方平方根 RMSEA（$<.08$）等绝对拟合指标；（2）正态拟合优度指数 NFI（$>.90$）、非正态拟合优度指数 NNFI（$>.90$）、比较拟合优度指数 CFI（$>.90$）等增值（相对）拟合优度指数；（3）简约拟合指数 PGFI（$>.50$）、简约调整后的正态拟合指数 PNFI（$>.50$）等简约拟合指标。假设模型的内在品质的检验主要有内在结构拟合度以及各种代表测量模型的信效度指标（吴明隆，2012），主要包括：（1）反映观察变量项目信度水平的标准化系数（$\lambda>.55$）（Tabachnick & Fidell, 2007）；（2）反映潜在变量的组合信度（$\rho_c>.50$）（Raines Eudy, 2000）；（3）反映潜在变量所有解释指标变量变异程度的平均方差抽取量（Average Variance Extracted）（$\rho_v>.50$），该指标的大小也反映了潜在变量的汇聚效度或区分效度的大小。除此之外，还有反映观察变量以及整个测量模型的一些其他信效度指标，如基于相关系数的汇聚效度、效标效度、信度系数内部一致性 α 系数以及基于回归分析的增值效度等指标。

具体地，我们根据相关理论与文献将以：中文修订版认知和情感正念量表、简版不执着量表作为正念自我的聚合效度指标，进行聚合效度的检验；5项身心健康指标、接纳行动问卷（第二版）作为正念自我的外部效度效标，进行效标效度的检验；5项身心健康指标为因变量，以简版不执着量表、接纳行动问卷（第二版）为自变量，进行递增效度的检验；以 FFMQ-20 简版量表作为区分效度指标。

被　试

通过问卷星网络平台收集数据 1275 份，删除无效数据 402 份（删除依据同上），最后得到有效数据 873 份，有关被试的基本描述统计信息见表 5-6。另外，为检测该量表的重测信度，我们还选取了重庆文理学院旅游管理专业和小学教育两个专业两个班级共 86 名学生进行间隔 1 周的重测，收回有效数据 80 份，其基本信息见表 5-7。其中，在 .05 的显著性水平获取检验功效（power）不低于 0.8 以上的重测信度所需最低被试量为 55（Shoukri et al.，2004）。

表 5-6　正念自我量表第二次调查描述统计结果（N=873）

性别（%）		年龄（岁）		正念经历（%）		职业（%）	
男	女	R	M±SD	有	无	学生	非学生
273（31%）	600（69%）	17-48	20.62 ± 3.43	232（27%）	641（73%）	849（97%）	24（3%）

表 5-7　参与重测信度测评被试的描述统计结果（N=80）

性别（%）		年龄（岁）	
男	女	R	M±SD
20（25%）	60（75%）	18-22	20.20 ± .98

研究工具

正念自我量表。根据上面的探索性因素分析，得到 15 个题项 4 个因子构成的正念自我量表。采用 7 点 likert 自评计分法，其中反向计分题项共 8 个。

（2）5 项身心健康指标。世卫组织 5 项身心健康指标（The World Health Organization-Five Well-Being Index version II，WHO-5）是一个由 5 个题项组成的身心健康自评量表（Bech et al.，2003）。该量表要求被测试者根据自己最近 2 周的情况进行 5 点自评，选项从 0（没有）到 5（一直），最后相加得到总分，总分越高表明情绪越健康。该量表在不同文化中得到了检验，并广泛地作为抑郁障碍（Awata et al., 2007；Pracheth, 2015）的早期筛选工具以及主观幸福感、健康相关的生活质量的研究工具（Heun et al., 2001；Newnham et al., 2010）。国内的检验表明该量表具有良好的一致性（Lin et al., 2013；王舟、卞茜，2011）。

（3）中文修订版认知和情感正念量表。Kumar（2005）最早开发了认知和情感正念量表（Cognitive and Affective Mindfulness Scale-Revised，CAMS），该量表是一个4点自评量表（1表示很少如此，4表示几乎完全如此），最初的量表有18个题项，但最初问卷的内部一致性系数比较低。2007年，他们对此进行了修订，得到了四个维度——觉知、注意、关注当下、接纳，共12个题项的修订版量表（Feldman et al., 2007）。Chan 等针对中国被试进行了检验，其结果表明在中国被试群体中，该量表结构得到了验证（Chan et al., 2016）。

（4）中文简版不执着量表。Sahdra 等（2010）编制了由30个题项构成的单维不执着量表（Non-attachment Scale）。该量表自提出后得到了一系列的检验并不断发展。如赵舒禾和陈秉华（2013）对原版不执着量表在中国台湾进行了检验，其研究结果表明整体来讲，该量表在中国台湾具有良好的信效度（Cronbach's α = .95）。Elphin-stone 等则在原量表上发展了一个由7个题项构成的简版不执着量表，并在美国和澳大利亚被试中得到了良好的验证（Sahdra et al., 2015）。

（5）接纳行动问卷（第二版）。 接纳行动问卷（Acceptance and Action Questionnaire the second version AAQ-Ⅱ）是 Bond, Hayes 等（2011）设计用来评估接纳与灵活性的一个单维工具。该量表的第二版共有7个题项，采用1（从未）–7（总是）点计分，将7条目得分相加，分数越高，经验性回避程度越高。国内的一些研究者（曹静 et al., 2013；陈琳，2013）对接纳与行动问卷第二版（ AAQ-Ⅱ）中文版的信效度进行了检验（Cronbach α =0.88，重测信度为0.80）（曹静 et al., 2013），认为它具有良好的心理测量学指标。

（6）中文简版正念量表（FFMQ-20）。 FFMQ-20 是 Hou 等（Hou et al., 2014）在原版 FFMQ 量表的基础上发展而来的适用于中国文化背景中的简版正念倾向量表。作者在保留了原量表的基本维度结构的前提下，每个维度保留了4个与原量表相关系数最高的4个题项，其结果表明 FFMQ-20 具有良好的信效度（Cronbach's α=0.83，r重测信度=0.88），与原量表的相关系数为 0.96，能解释原量表 91.3% 的方差变异。

数据分析

整体模型拟合度检验

由于 Williams 和 Lynn（2010）认为接纳包含：不执着、经验的不回避、对经验的不评判、容忍、意愿等五个方面，因此不执着维度和自我接纳（不回避）两个因素有可能属于一个维度，从而形成一个三因素模型。其次，从理论上来讲，这四个因素也有可能构成一个单维模型；除此之外，如果四因素模型得到较好拟合，我们还关心正念冥想样本组和非正念冥想样本组的四因素模型是否有差异，因此有必要进行多群组样本测量模型检验。因此，在本小节，我们将利用 Lisrel8.8 软件进行正念自我的四因素测量模型、单因素模型、三因素模型以及多群组样本测量模型的验证性检验，拟合结果见表 5-8。

表 5-8　正念自我量表的验证性因素分析拟合指标

模型	χ^2（df）	GFI	AGFI	SRMR	RMSEA [90% CI]	NFI	NNFI	IFI	CFI	PNFI	PGFI
模型 1	318.39（84）	.95	.93	.05	.06 [.05–.06]	.96	.96	.97	.97	.77	.67
模型 2	572.56（87）	.91	.88	.08	.09 [.08–.09]	.93	.93	.94	.94	.73	.66
模型 3	1211.75（90）	.79	.73	.09	.14 [.14–.15]	.85	.84	.86	.86	.73	.60
模型 4	84.34（84）	.95	.93	.05	.01 [.00–.04]	.96	1.00	.96	1.00	.77	.67
模型 5	233.6（84）	.95	.93	.05	.05[.05–.06]	.96	.97	.97	.97	.77	.67

注：模型 1. 全样本的四因素模型；模型 2. 全样本的三因素模型，其中三因素模型中是把不执着和自我接纳放到一起作为一个因子；模型 3. 全样本的单因素模型；模型 4. 正念冥想样本组的四因素模型；模型 5. 非正念冥想样本组的四因素模型。

从表 5-8 的模型拟合指标来看，正念自我量表的 4 因素假设模型得到了很好的拟合，支持了我们的理论假设。首先，该结果显示该量表具有良好的绝对拟合度，绝对拟合度指数（GFI=0.95）以及调整的拟合度指

数（AGFI=0.93）均高于 0.90。标准化残差均方和平方根 SRMR=0.05，渐
进参加均方和平方根 RMSEA=0.06，低于模型契合度可接受的门槛值 0.08
（Vaccarino et al., 2013）。这两个指标值小于 0.05，表明模型的拟合度非常良
好（李硕硕 et al., 2017）。其次，该结果显示该量表具有良好的增值拟合度，
其标准拟合度指标 NFI=0.96，非标准的拟合度指标 NNFI=0.96，比较拟合
度指标 CFI=0.97，IFI=0.97，均高于相应拟合度的标准值 0.90。该值越接近
于 1，表示模型拟合度越佳。另外，该模型还具有良好的简约拟合性，其简
约调整后的标准拟合度指标 PNFI=0.77，简约拟合度指标 PGFI=0.67，均高
于拟合标准值 0.50。除此之外，从模型 4、5 的相应拟合指标来看，4 因素
的理论假设模型对有无正念冥想练习经历的被试样本组的数据都有很好的拟
合。两个模型的各个拟合指标基本上没有差异。这说明 4 因素的正念自我量
表具有良好的跨组恒等性，适用于正念冥想练习者群体和一般的非正念冥想
练习者群体，如大学生群体。

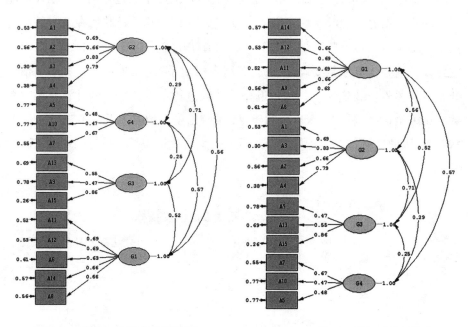

图 5-3　模型 4 的标准化解值图　　　　图 5-4　模型 5 的标准化解值图

内在结构拟合度及信效度检验

关于正念自我量表内在质量的检测，根据相关学者的介绍，我们选用了反映观察变量项目信度水平的标准化系数、组合信度、Cronbach's α 系数以及基于相关系数的汇聚效度、效标效度等指标加以评估。

（1）反映观察变量项目信度水平的标准化系数、组合信度、Cronbach's α 系数

利用 SPSS21.0 计算各维度及整个量表的信度系数 Cronbach's α 以及重测信度 Pearson 相关系数，结果见表 5-9。结果显示，该量表各维度以及整体的内在一致性系数 Cronbach's α 在 0.60 至 0.80。由于 Cronbach's α 系数的计算使用了一些不必要的限制性假设，从而会导致对量表真实信度的低估，同时 Cronbach's α 系数的大小还直接受到项目数量的影响（Gliem & Gliem，2003）。因此一些学者主张使用潜在变量的组合信度系数进行同质性估计可能更为准确（温忠麟、叶宝娟，2011）。为此，我们计算了反映潜在变量的组合信度 ρ_c，个维度以及整个量表的组合信度值在 0.60 至 0.92。根据 Kline（2010）的建议，组合信度系数要高于 .50，若组合信度系数在 .80 附近，则表明信度非常好。另外，我们还利用皮尔逊相关系数进行了重测信度的计算，相关系数在 0.69 至 0.84。根据 Cicchetti 的建议，重测信度系数要不低于 .60（Cicchetti，1994）。因此，从这几个指标综合来看，正念自我量表具有较好的内部一致性和稳定性。

表 5-9 正念自我量表的信度指标

维度 / 总量表	组合信度系数	Cronbach α 系数	重测信度（Pearson's correlation）
G1—自我洞察	.80	.80	.78
G2—不执着	.83	.83	.84
G3—自我慈悲	.70	.63	.69
G4—自我接纳	.60	.60	.79
总量表	.92	.84	.73

注：组合信度系数的计算采用的是台湾高雄师范大学，量化研究方法与软件应用方面的资深专家吴明隆教授提供的网络版计算插件：http://bbs.pinggu.org/forum.php?mod=viewthread&tid=535912。

（2）正念自我量表的聚合效度、效标效度、增值效度

根据已有相关研究与理论假设，我们选取了中文修订版认知—情感正念量表、简版不执着量表作为正念自我的聚合效度指标，采用相关分析法进行聚合效度的检验；以 5 项身心健康指标、接纳行动问卷（第二版）作为正念自我的外部效度效标，采用相关分析法进行效标效度的检验；以 5 项身心健康指标为因变量，以 FFMQ-20 简版量表、简版不执着量表、接纳行动问卷（第二版）为自变量，采用层次回归分析法进行递增效度的检验，结果见表 5-10 和表 5-11。

表 5-10　正念自我量表与相关量表的相关矩阵

	观察	描述	行动	非判断	不反应	五因素正念量表	心理健康	认知情感正念量表	接纳行动量表	不执着量表	正念自我	正念自我洞察	正念自我不执着	正念自我慈悲
OB	1													
DE	.34**	1												
AC	.05	.32**	1											
NJ	−.19**	−.05	.26**	1										
NR	.30**	.37**	.13**	−.16**	1									
FFMQ	.55**	.72**	.67**	.27**	.55**	1								
WHO-5	.18**	.40**	.40**	.02	.34**	.49**	1							
CAMS	.25**	.50**	.65**	.10**	.44**	.71**	.59**	1						
AAQ	.04	.26**	.51**	.28**	.22**	.48**	.50**	.56**	1					
NAS	.24**	.30**	.39**	.04	.43**	.50**	.55**	.62**	.51**	1				
MS	.19**	.45**	.56**	.16**	.43**	.65**	.58**	.69**	.67**	.64**	1			
MSI	.07*	.39**	.59**	.25**	.20**	.55**	.47**	.59**	.63**	.45**	.84**	1		
MSN	.19**	.38**	.41**	.04	.54**	.56**	.51**	.60**	.51**	.61**	.76**	.46**	1	
MSC	.320**	.37**	.29**	.09**	.49**	.49**	.44**	.50**	.38**	.55**	.66**	.37**	.53**	1
MSA	.024	.13**	.23**	.19**	.05	.23**	.20**	.24**	.34**	.22**	.56**	.38**	.18**	.13**

注：FFMQ 五因素正念量表；OB- 观察；DE- 描述；AC- 有觉察的行动；NJ- 非判断；NR- 不反应；WHO-5 项心理健康指数；CAMS 认知情感正念量表；AAQ 接纳行动量表；NAS 不执着量表；MS 正念自我量表；MSI- 自我洞察；MSN- 不执着；MSC- 自我慈悲；MSA- 自我接纳。

表 5-11 增值效度的检验结果

因变量	自变量	阶层 1		阶层 2		ΔR^2	共线性统计量	
		β	调整后的 R^2	β	调整后的 R^2		容差	VIF
WHO-5	FFMQ	.50**	.25**	.20**			.57	1.76
	MS			.45**	.36**	.12**		
WHO-5	CAMS	.59**	.35**	.36**			.52	1.93
	MS			.33**	.41**	.06**		
WHO-5	AAQ	.50**	.25**	.20**			.54	1.85
	MS			.45**	.36**	.11**		
WHO-5	NAS	.55**	.30**	.30**			.59	1.7
	MS			.39**	.39**	.09**		

注：** 表示 .01 的显著水平。

表 5-10 的结果显示正念自我量表与五因素正念量表（$r=0.65$, $8<0.01$）、认知—情感正念量表（$r=0.69$, $p<0.01$）、心理健康（$r=0.58$, $p<0.01$）均呈不同的正相关。在本研究中，我们以认知情感正念量表、不执着量表为效标，进行了聚合效度的检验，从表 5-10 的相关分析结果来看，正念自我量表具有良好的聚合效度，与认知情感正念量表、接纳行动量表、不执着量表的相关系数分别为 0.69，0.67，0.64。根据 Cohen 的建议标准，皮尔逊相关系数在 0.50 至 1.0 表明具有良好的聚合效度（Cohen, 1988b）。

其次，我们以五因素正念量表为效标，进行区分效度的检验，表 5-11 的结果显示，正念自我量表的总分及其各维度与五因素量表的总分及其各个维度的相关系数值在 -0.09 至 0.65 之间，总体上属于低中度相关。其中正念自我的自我慈悲维度与正念的非判断维度之间存低的负相关（$r=-0.09$, $p<0.01$），正念自我的自我接纳维度与正念的观察维度（$r=0.02$, $8>0.05$）以及不反应维度（$r=0.05$, $p>0.05$）没有显著的相关性。这表明这两个量表之间有冥想的区分。

除此之外，利用层次回归分析，得到的结果表明，相比认知—情感正念量表（CAMS）、不执着量表（NAS）、接纳行动问卷（AQQ）、五因素正念量表（FFMQ）而言，正念自我对心理健康都具有显著的增值效度，比相应的量表能多解释 6% 至 12% 的方差变异。其中，正念自我量表比五因素正念量表能多解释 12% 的方差变异，比认知—情感正念量表（CAMS）多解释 6% 的方差变异，比不执着量表（NAS）多解释 9% 的方差变异，比接纳行动问卷（AQQ）多解释 11% 的方差变异。

讨 论

本章节在已有相关量表的基础上进行了题项的修订与选编，编制了正念自我量表并通过探索性因素分析和验证性因素分析检验了正念自我量表的质量。

探索性的因素分析结果显示由 15 个题项构成的四因素正念自我的四个维度及总量表的内在一致性系数 Cronbach's α 介于 .66—.86，并能解释 62% 的总体方差变异。这初步表明了该量表的科学性与合理性。在此基础上，我们进一步对该量表从多个角度进行了验证性检验。首先，我们采用验证性因素分析对该量表的结构进行了多指标的拟合，结果显示四因素的正念自我量表对正念冥想练习者样本组和非正念冥想练习样本组的数据都有良好（恒等性）的拟合。这可能表明正念自我品质并不是正念冥想练习者才能拥有的某些特殊品质，而是普通人群都具有的一些积极品质。这与我们的理论假设是一致的。我们认为正念自我是富有正念意涵的自我知识和自我态度或者说这些是能基于正念冥想练习得以发展的自我知识和态度。事实上，（特质性）正念本身也并不是某些特定人群如长期的冥想练习者才能拥有的特殊品质，而是每个人都拥有的一些基本品质，其特点是对当下时刻的经验的注意与接纳的倾向性（Santorelli et al., 2013）。只是很多人并没有重视或低估了这些品质的重要性而已。当然对于该模型在两个样本群体中的恒等性拟合结果也存在其他可能的解释。比如这两个样本都取自于有着深厚的佛教、道教文化底蕴的中国，无为而为、顺其自然、放下等富有正念意涵的态度或人生哲学观对每一个中国人而言都不陌生。这可能意味着正念自我量表的四维结构的恒等性源于"共同文化偏差"的影响。但最近的一项关于正念的跨文化研究结果表明，在东方文化（香港被试）和西方文化（英国被试）中的正念训练没有显著的差异（Ivtzan et al., 2017）。但无论如何，正念自我的结构是否在其他文化中也具有恒等性有待进一步的跨文化研究。

其次，进一步的信效度检验表明正念自我量表具有良好的聚合效度、区分效度和增值效度。对聚合效度的检验，我们选择了认知—情感正念量表作为指标，因为该量表的题项主要表达了对正念有关的认知、情绪与态度（Feldman et al., 2007）。本研究的相关分析发现正念自我量表与认知—情感正念量表具有较高的相关（$r=.69$），这表明正念自我量表具有良好的聚合效度。对于区分效度的检验，我们选择了五因素正念量表作为参照，本研究的相关分析显示正念自我的各维度与五因素正念量表各维度之间的相关系数的绝对值在 0.07 至 0.59，呈低中等程度的相关，因此这表明正念自我和正念之间具有显著的区别。同时，进一步的增值效度检验的结果表明，相比正念量表以及不执着量表、接纳行动量表而言，对心理健康具有更高的解释力（ΔR^2 在 .06 至 .12）。这也说明正念自我是一个有价值的且不同于正念的概念，且比正念量表能多解释心身健康 12% 的方差变异。

结　论

本研究得到如下结论：（1）正念自我量表具有良好的信效度。该量表具有自我洞察、自我慈悲、不执着、自我接纳四个维度，共 15 个题项；（2）正念自我与特质性正念有着良好的区分效度。同时与正念等概念相比，正念自我对心理健康有着更好的预测效度。因此正念自我是一个与正念密切相关但又有实质性区别的概念。

第六章

正念自我与自我研究

　　前面的文献综述分析已表明正念冥想练习（干预）不仅能有效减缓个体的心理症状，促进个体的心理健康与幸福水平，还能有效地促进个体自我概念、自我认知视角的转变，从而促进个体健全人格的发展。然而，对正念冥想训练产生这些积极身心效应的内在心理机制目前还并不十分清楚，相应的实证研究也比较少。根据前面的理论建构与假设，我们认为正念自我是正念冥想训练（干预）产生积极身心效应的内在机制。因此，开展正念、正念自我与自我发展、心理健康之间的关系研究，有助于探究正念产生积极效应的心理机制。同时，开展此项研究对我们的心理健康教育也有重要的现实指导意义。如果通过实证研究能证实正念自我在正念与心理健康、自我发展中的关键作用，或者能直接表明正念自我与心理健康、自我发展有着重要的预测作用，那么这就为心理健康教育实践指明了教育的方向与教育的重点。这就意味着心理健康教育的重点将不再是正念训练本身，而是通过正念以及其他多种方法来促进富有正念意涵的自我知识和自我态度的转变，即促进正念自我品质的提升。为此，本章将：（1）基于人格与发展心理学视角探讨正念自我与大五人格、自我成长、自我实现、幸福感等因素间的关系；（2）基于临床心理学视角探讨正念自我与心理健康、焦虑、抑郁症状之间的关系。同时，根据第二章和第三章的理论分析，我们假设：（1）正念自我与人格、自我发展（成长）等因素密切相关；（2）正念自我能有效度地预测个体的心理健康水平。

第一节　正念自我与自我成长、自我实现的关系研究

　　在前面的理论建构中，我们认为正念自我代表着一种积极的、有益于个体自我发展的自我观，反映了一种较为成熟、健康的自我发展阶段。即是说，正念自我水平的高低与一个人的自我发展水平以及心理健康水平密切相关。这得到了相关的实证研究结果的支持。虽然不少研究表明基于 MBSR 和 MBCT 的正念干预训练能产生诸多方面的积极效应，如提高人们的积极情绪（Schutte & Malouff，2011）、生活质量的满意度（Roth & Robbins，2004）等，但是进一步的研究表明正念对个体的心理健康以及幸福感的积极影响更多可能是间接的（Koh，2014）。如有研究发现正念既不能直接预测个体的主观幸福感，也未在不同人格类型与主观幸福感之间起着显著的中介效应（Sajjadi & Mousavi-Nasab，2014）。而 Yu 和 Clark 的研究发现针对具有边缘性人格特质的非临床被试而言，只有五因素的非评判维度能显著地预测个体的幸福指数（Yu & Clark，2015）。这表明培养接纳、不评判的态度可能比正念本身更为重要。因此，我们认为被概念化为富有正念意涵的自我知识和自我态度的正念自我是较为成熟而健康的自我发展状态，是正念促进个体心理健康的重要机制，对不同人格类型的心理健康（心理幸福感）可能有着显著的中介效应。

　　为探讨正念、正念自我与不同人格类型的自我发展过程、以及与不同人格类型的心理健康之间的关系。本节围绕自我成长、自我实现、积极取向的心理健康（幸福感）、大五人格、道德认同自我相关问题开展了两项实证研究。其中，自我成长反映的是个体积极的自我发展意识，能够以发展的眼光看待自己的经历（Ryff，1989）。自我实现反映的是与自我觉知与自我经验协调一致的个体潜能发展过程，强调自我洞察、自我接纳等要素在自我实现过程中的重要性（Leclerc et al.，1999）。从自我成长与自我实现概念的内涵来看，积

极的自我发展过程都强调个体对自我要有良好的自我认知，要有积极的自我态度。这与正念自我强调的富有觉知、洞察、接纳的自我观的内涵具有较高程度的内在一致性。因此，我们认为正念自我反映的是一种较为成熟的自我发展阶段或较高水平的自我发展状态，与良好的自我发展状态（自我成长、心理健康）与较高水平的自我发展阶段（自我实现）密切相关。

工　具

（1）正念自我量表。自编7点计分自评式《正念自我量表》，共15个题项，4个维度：自我洞察（5个题项）、自我接纳（3个题项）、自我慈悲（3个题项）、不执着（4个题项）。

（2）大五人格量表。44项大五人格问卷（the 44-item Big Five Inventory，BFI-44）是 John and Srivastava（1999）以 Goldberg 的大五人格结构为理论基础发展出来的一个简明人格自评工具。该问卷有多个版本，其中44个题项的版本应用最为广泛。到目前为止，该问卷的信效度获得了良好的跨文化检验，并在不同文化中的不同领域得到了广泛的使用，包含在中国文化中的检验与应用（Richard et al.，2016）。Carciofo 等的研究表明，该量表在中国大学生被试群体中的内部一致性系数范围在 0.70 至 0.81，重测信度系数在 0.69 至 0.77（Richard et al.，2016）。

（3）简版心理健康连续量表（成人版）。简版心理健康连续量表（Mental Health Continuum，MHC）是美国心理学家 Keyes 研发的用于评估积极心理健康状况的量表。该量表有两个版本——40个题项的长版量表（Mental Health Continuum Long-Form，MHC-LF）和14个题项的简版量表长量表（Mental Health Continuum Short Form，MHC-SF）。Keyes（2002）认为心理健康和心理疾病是两个相关的、但不同的维度或连续体。如同心理疾病一样，心理健康也是一种基于幸福感和积极的社会功能的"综合征"，包括三种有连续性但不同的状态：（1）"蓬勃向上"（flourishing）的心理健康状态；"颓废萎靡"（languishing）的不健康状态；（3）介于二者之间的中等心理健康状态（moderately mentally healthy）。MHC-SF 的一个显著特点是整合评估了情绪幸福感、心理幸福感和社会幸福感三种积极状态的内涵并借鉴重度抑郁的诊断方法对心理健康进行了分类评价，让被试评判在过去的两周到 1 个月之内自己感觉到问卷题目所述问题的次数。按"从来没有""1 次或 2 次""每周 1 次""每周 2 次或 3 次""几乎每天""每天"进行 5 点计分。得分越高，表示心理健康的积极状况越佳。MHC-SF 的结构效度、效标关联效度及内部一致性信度在南非、荷兰、伊朗、美国、韩国等不同国家的检验中都达到了心理测量学的要求。在国内，尹可丽和何嘉梅（2012）对该量表的信效度进行了检验，结果表明该量表可用于中国成人的积极心理健康状况的测量（总量表的内部一致性 Cronbach's α =0.94；3 个分量表的 Cronbach's α 系数为 0.92、0.83、0.91）。

（4）自我成长量表。自我成长量表选自 Ryff & Keyes（2018）编制的心理幸福感量表的中文修订版量表中的个体成长分量表。Ryff 编制的心理幸福感量表有 6 个维度，共 84 个题项，每个维度 14 题，为 6 点量尺计分，1 代表完全不符合、6 代表非常符合。宛燕、郑雪、余欣欣（2010）的研究表明心理幸福感量表具有很好的结构效度，6 个维度能够有效地反映大学生的总体心理幸福感水平，其中自我成长分量表的内在一致性系数 Cronbach's α =0.84。

（5）自我实现量表。Jones 和 Crandall 1986 编制了自我实现简短指标（Short Index of Self-Actualization，简称 SISA）。该问卷有 15 个题项，采用的 4 点计分办法。问卷最低得分为 15 分，最高得分为 60 分，取得的分数越高表明越有可能达到自我实现。

（6）正念注意觉知量表。正念注意觉知量表（Mindful Attention Awareness Scale，MAAS）主要用于测量个体对正在发生的当下的注意与觉知水平。研究表明 MAAS 在中国大学生样本中具有良好的心理测量学指标，适宜在中国大陆使用（Cronbach's α =.89，重测信度为 .87）（陈思佚 et al.，2012）。除此之外，一些学者等基于项目反应理论发展出了由 5 个题项构成的简版量表（Greenberg & Mitra，2015）。为了减少测评的时间压力，在本研究中我们选择了 5 个题项的简版正念注意觉知量表。

被　试

采用方便抽样法在山东、内蒙古、北京、湖南、湖北、四川、重庆等地区不同层次 / 类别的高校以及多个正念冥想微信 /QQ 群进行问卷的抽样调查。要求被试利用手机或电脑进入问卷星的网络测评页面，根据指导语进行真实的在线答题。为保证调查数据的质量，我们在各高校指定了相应的指导老师，并建议他们尽可能利用合适的课间时间或课堂实践环节进行集中测评。此次调查共有被试 444 人参与测评，删除无效数据 190 份，最后得到有效数据 254 份。有效被试的相关信息见表 6-1。

表 6-1　正念自我与自我发展关系调查者的基本信息（N=254）

有无正念冥想		年级					性别			年龄
有	无	大一	大二	大三	大四	研究生	男	女	全距	均值
43	211	127	51	29	25	47	65	189	36	20.91 ± 4.32

结　果

共同方法偏差检验

由于本研究采用了多个相关量表针对同一批被试进行数据的采集，这可能存在共同方法偏差（Lindell & Whitney，2001）。我们在测评过程中采取了匿名性、平衡项目的顺序等方式进行了控制。为检验本研究中是否还存在较为突出的共同方法偏差，根据相关学者的研究介绍（Podsakoff et al.，2003；周浩、龙立荣，2004），我们采用了 Harman 单因素检验法进行共同方法偏差的检验。根据该方法的假设，如果共同方法变异构成了一个问题，那么通过探索性因素分析得到的第一个因素能解释绝大部分（＞50%）的变异（Harman，1967；Podsakoff & Organ，1986）。通过探索性因素分析，本研究将所有题项进行未旋转的探索性因素分析，结果表明在探索因素分析中，第一个因子变异占总变异的 18.52%，这说明本研究不存在严重的共同方法偏差问题。

变量间的均值、方差与相关分析结果

表6-2呈现了正念自我量表与大五人格、自我实现、自我成长、正念注意觉知量表之间的相关关系结果。从表6-2可见，正念自我量表（$r=-0.39$，$p<0.01$）、正念注意觉知量表（MAAS）（$r=-0.34$，$p<0.01$）与大五人格的神经质呈显著的负相关。这与已有的大量研究的结果基本上一致的（Maleki et al., 2014；Siegling & Petrides, 2014）。在大量有关正念与人格的关系的研究中比较一致的结论是发现正念与神经质呈显著的负相关，与开放性、宜人性、尽责性之间的相关性在不同研究中的结果并不一致。如 Siegling 和 Petrides 的调查发现 MAAS 与开放性之间不相关（2014）。本研究的结果则显示正念注意觉知与开放性成负相关（$r=-0.13$，$p<0.05$），而宜人性（$r=0.17$，$p<0.01$）、尽责性（$r=0.15$，$p<0.01$）呈正相关，而正念自我与开放性（$r=0.17$，$p<0.01$）、宜人性（$r=0.30$，$p<0.01$）、尽责性（$r=0.30$，$p<0.01$）呈显著的正相关。其次，表4-2的结果显示正念自我与自我实现（$r=0.26$，$p<0.01$）、自我成长（$r=0.28$，$p<0.01$）以及积极心理学取向的心理健康（$r=0.15$，$p<0.01$）等变量间都显著的正相关，而正念觉知与心理健康之间呈显著的负相关（$r=-0.30$，$p<0.01$），与自我成长之间不直接相关。

正念自我对人格特质的影响

为评估正念自我对不同人格特质类型的影响，我们分别以五种不同的人格特质、自我实现作为因变量进行层次回归分析。

表 6-2　正念自我对人格特质影响的回归分析

因变量	自变量	阶层 1		阶层 2		ΔR^2	共线性统计量	
		β	调整后的 R^2	β	调整后的 R^2		容差	VIF
神经质	自我成长	-.29**	.08**	-.20**				
	正念自我			-.33**	.18**	.10**		
外倾性	自我成长	.35**	.12**	.32**				
	正念自我			.14*	.14*	.02*		
开放性	自我成长	.34**	.22**	.30**			.92	1.08
	正念自我			.21**	.21**	.01		
尽责性	自我成长	.38**	.14**	.32**				
	正念自我			.21**	.18**	.04**		
宜人性	自我成长	.55**	.13**	.30**				
	正念自我			.39**	.16**	.04**		

在这里，我们主要看在控制了自我成长因素后，正念自我是否还对不同人格类型有显著的预测作用。首先，将自我成长作为层次回归分析的第一层变量；然后将正念自我作为第二层变量进入分析。结果见表 6-2。从表 6-2 可知，在控制了自我成长因素后，正念自我仍然对神经质（β=-.33，调整后的 R^2=.18，p<.01，ΔR^2=.10）、外倾性（β=.14，调整后的 R^2=.14，p<.01，ΔR^2=.02）、尽责性（β=.21，调整后的 R^2=.18，p<.01，ΔR^2=.04）、宜人性（β=.39，调整后的 R^2=.16，p<.01，ΔR^2=.04）等不同人格特质（除了开放性以外）有着不同程度的显著影响。

正念自我对正念与心理健康（幸福感）、自我实现的中介影响

前面第三章的理论假设认为，正念自我可能在正念与心理健康、自我实现中起着显著的中介作用。为此，我们使用 Hayes.（2013）开发的 PROCESS procedure（Model 4）进行了中介效应分析，设定样本量为 5000，Bootstrap 取样方法选择偏差校正的非参数百分位法；置信区间的置信度为 95%。

（1）以正念作为自变量，正念自我总分为中介变量，心理健康总分作为因变量进行了中介分析，结果见表 6-3 和图 6-1。

（2）以正念作为自变量，正念自我总分作为中介变量，自我实现总分作为因变量进行了中介分析，结果见表 6-5 和图 6-2。

表 6-3　正念自我对正念与心理健康（幸福感）的中介效应

因变量 = 心理健康	effect（效应量）	SEboot	效果量（K^2）	BC 95% CI	
				Lower	Upper
自变量 = 正念					
直接效应	−.36	.05		−.46	−.25
正念自我的间接效应	.10	.03	.12	.05	.17

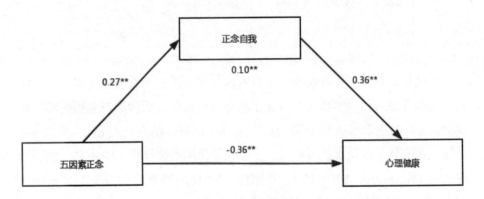

图 6-1　正念自我对正念与心理健康（幸福感）的中介效应

表 6-4　正念自我量表与人格等变量间的相关结果

	M ± SD	正念自我	神经质	外倾性	开放性	宜人性	尽责性	心理健康	自我成长	自我实现	正念觉知	自我洞察	不执着	自我慈悲
神经质	2.78 ± 0.51	−.39**												
外倾性	3.38 ± 0.50	.23**	−.36**											
开放性	3.21 ± 0.60	.17**	−.29**	.55**										
宜人性	3.14 ± 0.42	.30**	−.44**	.52**	.43**									
尽责性	3.37 ± 0.43	.30**	−.56**	.56**	.44**	.52**								

续表

	M ± SD	正念自我	神经质	外倾性	开放性	宜人性	尽责性	心理健康	自我成长	自我实现	正念觉知	自我洞察	不执着	自我慈悲
心理健康	4.20 ± 0.93	.15*	.03	.49**	.47**	.30**	.21**							
自我成长	3.90 ± 0.44	.28**	−.29**	.35**	.47**	.36**	.38**	.41**						
自我实现	2.27 ± 0.36	.26**	−.36**	.08	.08	.26**	.33**	−.17**	.21**					
正念觉知	2.95 ± 1.09	.38**	−.34**	−.08	−.13*	.17**	.15*	−.30**	.02	.30**				
自我洞察	3.50 ± 1.46	.66**	−.42**	−.06	−.14*	.13*	.15*	−.35**	−.02	.36**	.65**			
不执着	4.21 ± 1.23	.44**	.01	.34**	.34**	.20**	.16**	.56**	.29**	−.16**	−.11	−.18**		
自我慈悲	4.74 ± 1.32	.48**	−.07	.32**	.32**	.14*	.22**	.50**	.34**	−.03	−.22**	−.12	.42**	
自我接纳	3.54 ± 1.41	.65**	−.30**	.03	.01	.23**	.18**	−.12	.16*	.32**	.27**	.44**	−.03	.08

表 6-5　正念自我对正念与自我实现的中介效应

因变量 = 自我实现		effect（效应量）	SEboot	效果量（K²）	BC 95% CI	
					Lower	Upper
自变量 = 正念						
	直接效应	.08ᵃ	.02		.03	.12
正念自我的间接效应		.02ᵃ	.01	.06	.01	.04

注：a 表示置信区间不包含 0。

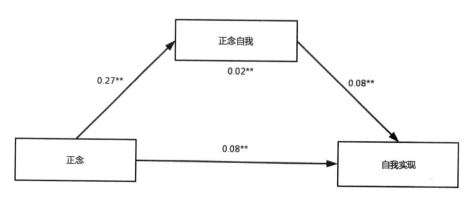

图 6-2　正念自我对正念与自我实现的中介作用

从表 6-4 和表 6-5 以及图 6-1 和 6-2 的结果来看，正念自我在正念与心理健康（幸福感）之间有着显著的中介效应，95% 的置信区间为 0.05 至 0.17，不包含 0，这表明中介效应显著，中介效应的大小为 0.10，其效应量的大小 K^2 为 0.12，这表明正念自我在正念与心理健康之间有着较高的中介效应。同时，表 6-5 与图 6-2 的结果也显示正念自我在自我实现之间有着显著的中介效应，95% 的置信区间为 0.01 至 0.04，不包含 0；这表明中介效应显著，其中介效应的大小为 0.02，其效应量的大小 K^2 为 0.06，这表明正念自我对自我实现有中等程度的中介效应。

正念自我对不同人格特质类型与心理健康的关系

从表 6-2 的相关分析结果来看，相比正念而言，正念自我与人格之间的关系更为密切。为进一步探讨正念自我对不同人格特质个体的心理健康的影响力，我们分别以正念和五种不同的人格特质作为第一层自变量，以正念自我总分作为第二层自变量，以心理健康作为因变量进行层次回归分析，得到如下结果，见表 6-6。

表 6-6　正念自我对不同人格特质个体的心理健康的回归分析

因变量	自变量	阶层 1	调整后的 R^2	阶层 2	调整后的 R^2	ΔR^2	共线性统计量 容差	VIF
心理健康	正念	-.33**	.09**	-.42**			.78	1.28
	神经质	-.09**		-.01				
	正念自我			.30**	.16**	.07**		
心理健康	正念	-.26**	.30**	-.33**			.78	1.27
	外倾性	.47**		.42**				
	正念自我			.18**	.33**	.03**		
心理健康	正念	-.24**	.27**	-.33**			.80	1.25
	开放性	.44**		.39**				
	正念自我			.20**	.30**	.03**		

心理健康	正念	-.36**	.21**	-.44**				.80	1.25
	宜人性	.36**		.31**				
	正念自我			.22**	.25**	.04**		
心理健康	正念	-.34**	.14**	-.42**				.79	1.26
	尽责性	.26**		.19**				
	正念自我			.20**	.19**	.05**		

从表 6-6 的结果来看，在控制了正念的影响后，正念自我对不同人格特质的心理健康仍有显著的解释力，其中正念自我对神经质（β=.30，调整后的 R^2=.16，p<.01，ΔR^2=.07）与心理健康的关系有着更为明显的影响；对外倾性（β=.18，调整后的 R^2=.33，p<.01，ΔR^2=.03）、宜人性（β=.22，调整后的 R^2=.25，p<.01，ΔR^2=.04）、开放性（β=.20，调整后的 R^2=.30，p<.01，ΔR^2=.04）、尽责性（β=.20，调整后的 R^2=.19，p<.01，ΔR^2=.05）四种人格特质的心理健康能多解释 3% 至 5% 的方差变异。这表明正念自我对不同人格特质的心理健康都有显著的影响。

讨 论

在本研究中，我们探讨了正念、正念自我与不同人格、自我成长、自我实现等自我发展相关的变量间的关系以及它们对心理健康的影响。研究结果表明正念自我对人格、心理健康以及自我实现都有显著而积极的影响。

正念自我与人格、心理健康

相关分析和回归分析的结果表明，相比正念而言，正念自我似乎与不同人格之间有着更为积极而稳定的关系和影响。一方面，相关分析的结果表明正念和正念自我与神经质都存在显著的负相关。这与已有的大量相关研究的结果是一致的。已有的国内外的大量研究均发现正念与神经质之间存在显著的负相关（Maleki et al., 2014; Siegling & Petrides, 2014），但正念（MAAS）似乎并不能稳定地或很好地反映它与其他人格之间的关系。不同的研究中得到了不同的结果。本研究的结果显示正念与外倾性无显著相关，与神经质、开放性呈负相关，与宜人性和尽责性呈低度的正相关；但正念自我与神经质呈显著负相关，与宜人性、开放性、尽责性有着显著的正相关。从相关系数的大小来看，正念自我与五种人格特质间的关联性显著高于正念觉知与人格特质间的关联性。Latzman and Masuda（2013）的研究发现正念（MAAS）与外倾性、宜人性、尽责性呈正相关，与神经质呈负相关，与开放性不相关。Klockner and Hicks（2013）的研究结果显示正念（MAAS）与外倾性、开放性、宜人性、尽责性均不相关。另一方面，表6-2的回归分析结果显示，在控制了自我成长因素的影响后，正念自我对不同的人格特质仍有显著的影响。结合表6-6的结果来看，在控制了正念的影响之外，正念自我对不同人格的心理健康均有显著的积极影响。这表明正念自我是一个有价值的构念，对促进不同人格的积极及其心理健康教育都有重要的指导意义。因此，该研究结果提示我们可以通过培养或提升个体的正念自我来促进学生人格的发展以及调节不同人格特质的心理健康水平。

其次，本研究的结果显示正念觉知与心理健康呈负相关，而正念自我与心理健康呈正相关，且表6-3的中介分析结果也表明正念自我在正念与心理健康之间起着显著的中介作用。这可能进一步说明了良好的自我认知和自我态度在正念治疗中的积极作用。已有研究表明如果在基于正念的治疗中没有接纳、静定等正念态度的培养，觉知本身可能并不能促进心理健康或幸福感的提升（Cardaciotto et al., 2008）。相反，高强度的觉知还有可能导致副作用（Mor & Winquist, 2002），高强度的觉知练习反而可能会让人们对负性刺激变得更为敏感。这可能是单纯的正念觉知（如MAAS主要反映了正念觉知本身，而FFMQ则包含了相应的正念态度）与心理健康成相关，而正念自我与心理健康成正相关的重要原因。

正念、正念自我与自我实现

从表6-4的相关分析结果可知，正念、正念自我总分都与自我实现呈显著的正相关。在正念自我的四个维度中，自我洞察、自我接纳与自我实现呈正相关，而不执着与之呈负相关，自我慈悲与之的相关性不显著。该结果与自我实现本身的特点有关。一方面，自我实现本身就蕴含着发现并积极地表达和发展真实自我之意（Cofer & Appley，1964），也要求个体能无条件地自我接纳（Ellis，1991）。这与正念自我的自我洞察、自我接纳两个维度的内涵是一致的。但是自我实现同时又暗含着最大程度地实现自我潜能的高层级动机需要（Maslow et al.，1970），这与正念自我中不执着的内涵在语义层面看起来是不一致的，所以导致这两个维度出现了负相关。然而，正念自我中的不执着并不意味着消极不进取，所以进一步从表 6-5 的中介分析结果来看，正念自我总分对正念与自我实现仍有着显著的中介效应。这表明从总体上来讲正念自我品质的培养有助于个体的自我实现。

正念自我对人格、心理健康、自我实现作用的大小

根据 Cohen（1988）和 Hattie（2012）等学者的观点，效果量 ΔR^2、η^2 值在 .01 至 .039 之间属于较小的，但是是具有"实践"意义的效果量；若高于 .039 则属于可期望的效果量（desired effects）。根据该标准来看，正念自我对不同人格特质个体的心理健康作用存在差异，其中对神经质的心理健康的调节效应相对较大，达到中等程度（$\Delta R^2 = .07$）；对外倾性、宜人性的心理健康调节作用相对较小（$\Delta R^2 = .03$）。这与不同的人格特质本身的特点有关。其次，正念自我对正念与心理健康（$K^2 = .12$）以及自我实现（$K^2 = .06$）都有着中等程度的中介效应。

结　论

本研究的结果表明：（1）正念自我是一个不同于倾向性正念的概念；（2）相比正念（MAAS）而言，正念自我对不同人格特质有着更为积极的影响；（3）正念自我对不同人格特质类型的心理健康有显著且中等大小的中介效应；（4）正念自我对自我实现也积极相关，并在正念与自我实现之间起着显著且中等程度的中介作用。

第二节　正念与道德自我的关系研究

道德认同，又称道德自我认同，是道德心理学研究在后科尔伯格时代的核心课题之一。道德认同被认为是道德判断转化为道德行为的重要调节机制，对道德行为有重要的预测和指导作用（Stets & Carter, 2011），是青少年道德人格发展诸要素的整合力量。大量研究表明，基于正念冥想的心理干预能有效促进自我的积极改变与提升。近年来，正念冥想与自我主题相关的研究主要集中表现在正念冥想对自我认知视角、自我心理功能、自我加工过程的积极改变方面，而在自我认同，尤其是道德认同方面的研究较少。少数的一些相关研究表明冥想的呼吸觉知、去过度认同化、去中心化等技术能显著地改变自我认同的诸多方面（Gilroy, 2012），如自我整合、自我实现等积极的认同（Edwards, 2013）。正念冥想与道德心理的相关研究主要零星地表现在正念冥想与移情、亲社会性、道德决策等方面。研究表明正念的多个维度和认知移情呈显著的正相关（Gilroy, 2012）。Ruedy 等（2010）发现具有较高正念倾向性的个体的行为更符合道德伦理标准，会更偏向使用原则导向进行道德决策。Leiberg（2010）的研究表明基于传统冥想的慈悲训练能增加被试在经济决策游戏中的亲社会行为。总之，这些研究表明正念冥想能有效促进道德品质的发展与提升。为此，本研究拟采取短时正念冥想的干预方法，探讨两种不同的短时正念冥想（传统世俗冥想和新兴伦理冥想）对中学生和大学生道德自我认同及亲社会行为的影响。

被　试

本实验被试分为两部分：中学生和大学生。

中学生共有 182 人，均为重庆市永川中学八年级学生，考虑到中学的学业和课程安排，随机选择了 3 个班，每个班为一组。剔除部分不认真作答和未完成所有问卷的被试后，共有有效数据 134 份（男生 64 人，女生 70 人），年龄 13 至 15 岁（$M \pm SD = 13.46 \pm 0.53$）。其中，控制组 50 人，伦理冥想组 41 人，世俗冥想组 43 人。

在重庆市的一所大学招募了 83 名本科生参加本次实验，27 名男生，56 名女生，年龄 18 至 23 岁（$M \pm SD = 19.99 \pm 2.49$）。随机分成 3 组，由于空间原因每组均在 19:00 至 21:00 分两个批次完成，3 组接连 3 天完成实验。其中：控制组 28 人，世俗冥想组 29 人，伦理冥想组 26 人。

实验设计

本实验是 2（被试类型：中学生、大学生）×3（正念控制类型：控制组、伦理冥想组、世俗冥想组）的完全随机组间设计，因变量：道德认同量表得分、捐助情景金额。

实验分为两步，首先是正念训练，然后填写问卷，正念训练包括正念冥想训练和正念书写两个部分：

正念冥想训练（13min）：该部分有正念呼吸练习和事件回忆两个模块，控制组采用正念呼吸和无关事件回忆引导，世俗冥想为正念呼吸＋亲社会事件回忆，伦理冥想则为正念呼吸＋伦理引导；

正念书写（7min）：控制组被要求书写近期时间安排，包括安排事项的原因，自己的目标；世俗冥想组和伦理冥想组均要求写近期发生的亲社会事件，包括在当下的感觉、表现。具体流程如下图：

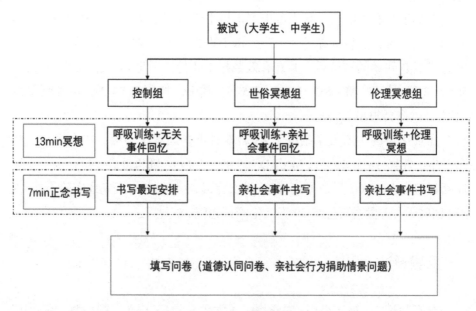

图 6-3　实验流程图

实验材料

正念引导语： 我们根据实验设计编写正念指导语，为了控制无关变量，事先录制好音频，并混合音乐，采取播放音频的方式进行正念指导训练。

书写任务指导语： 改编自 Pennebaker 等人的以正念为导向的表达性自我表露书写任务指导语。

中学生版道德同一性问卷： 采用李妍硕士论文中修订的中学生道德同一性问卷，该问卷共 24 个题目，分内隐和外显两个维度，每个维度各 12 项，采用李克特 5 点计分，其中有两题为反向计分题。

成人版道德同一性问卷： 该量表由 Aquino 和 Reed 编制，分内隐和外显两个维度，每个维度各 5 项，共 10 个题目，采用李克特 5 点计分，其中两项为反向计分题。在探索性因素分析中，该问卷在外显维度和内隐维度的内部一致性系数分别为 0.77 和 0.71，具有较好的信度。

捐助情景问题： 本研究借鉴 Aquino 和 Reed 的捐赠行为情境设计，在被试完成道德认同问卷后，完成这些情景题目。为了减少被试经济状况差异，我们每个题目都假设目前被试拥有课外书或金钱的数量，强调捐赠行为是自愿的，并且不会影响自己的学习和生活。具体情景题目如下：

（1）假如你手上有 10 本你最喜爱的课外书，你是否愿意捐献给山区的小学生？如果你愿意，你愿意捐多少本呢？

（2）此时你有机会选择将我们提供的 100 元钱分配给山区的小学生或者自己，可以都给自己，也可以分一些给山区的小学生，如果你愿意分享，你会分多少钱给山区的小学生呢？

数据处理

将筛选出的所有有效数据输入电脑，采用 SPSS22.0 进行数据的整理和分析，使用到的主要统计方法有：描述统计、方差分析。

实验结果

道德认同

对正念控制类型和被试类型进行方差分析，由于道德认同问卷不同，量表总分不一致，但都是采用 5 点计分法，因此在分析时先将原始数据转化总均分（数据如下表）再进行方差分析，结果显示如下：正念控制类型主效应不显著 $F_{(2, 214)}=2.213$，$p>0.05$，$\eta^2=0.02$；被试类型主效应不显著 $F_{(1, 215)}=2.981$，$p>0.05$，$\eta^2=0.014$；两个因素交互作用显著，$F_{(2, 214)}=6.168$，$p<0.01$，$\eta^2=0.02$。简单效应分析结果发现，中学生道德认同得分世俗冥想组显著高于伦理冥想组和控制组，控制组和伦理冥想组无显著差异；控制组大学生道德认同得分显著高于中学生，$F_{(1, 215)}=4.967$，$p<0.05$，$\eta^2=0.02$；伦理冥想组大学生道德认同得分显著高于中学生 $F_{(1, 215)}=6.677$，$p<0.05$，$\eta^2=0.03$；世俗冥想组大学生道德认同得分和中学生道德认同得分边缘显著 $F_{(1, 215)}=3.492$，$p=0.06$，$\eta^2=0.016$。

表6-7　道德认同总均分表

	大学生（M ± SD）	中学生（M ± SD）
控制组	3.67 ± 0.586	3.37 ± 0.676
世俗冥想	3.59 ± 0.561	3.85 ± 0.571
伦理冥想	3.77 ± 0.475	3.40 ± 0.497

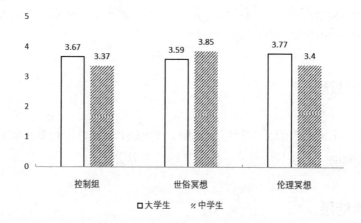

图6-4　道德认同量表得分对比图

捐钱金额

对被试群体类型和正念控制类型进行单变量方差分析结果显示，被试群体主效应不显著，$F(1, 215)=0.369$，$p>0.05$，$\eta^2=0.002$；正念控制类型主效应不显著，$F(2, 214)=2.151$，$p>0.05$，$\eta^2=0.021$；交互作用不显著，$F(2, 214)=1.666$，$p>0.05$，$\eta^2=0.016$。单变量测试结果发现，中学生在正念控制类型上捐钱金额差异显著，事后多重比较结果显示，伦理冥想组捐钱金额显著低于世俗冥想组和控制组。数据表如下：

表6-8　捐钱数额统计表

	大学生（M ± SD）	中学生（M ± SD）
控制组	72.11 ± 26.160	77.76 ± 26.995
伦理冥想	70.40 ± 27.595	62.32 ± 34.587
世俗冥想	71.21 ± 30.168	81.12 ± 27.295

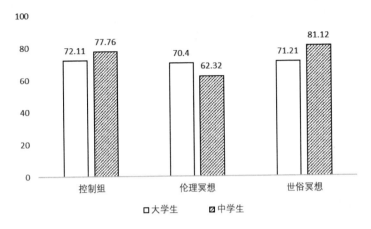

图 6-5　捐钱金额对比图

讨　论

本研究结果显示大学生道德认同实验组和控制组无显著差异，而中学生道德认同得分世俗冥想组高于控制组和伦理冥想组；控制组、伦理冥想组、世俗冥想组都在大学生和中学生道德认同得分上有差异。在对道德自我的发展研究中，在 Barriga 等人对青少年（12—16 岁）的追踪调查结果表明，青少年道德认同水平随年龄增长呈上升趋势；Damon 的道德自我发展模型中认为青春期是道德自我发展的重要阶段，到成年期基本整合完成，但是道德自我的整合并没有终点，而是一直都在发展。结合本研究结果，大学生道德自我发展基本成熟，相对稳定，通过一次短时正念训练很难改变；而中学生处于道德自我整合的关键期，比较容易被引导，短时正念训练可以在当下对道德认同产生影响，但是影响保持时间有待进一步考量。目前对世俗冥想和伦理冥想没有相对清晰的界定，在本研究中，世俗冥想注重引导学生关注此刻以及事件发生时自我的感受，而伦理冥想更强调外界他人与自我的共生，会带有共情的引导。值得关注的是世俗冥想和伦理冥想在中学生道德自我认同的不同影响，虽然本研究结果表明自我的体验能正向促进道德自我的发展，但是伦理冥想有无促进作用以及干预机制还需要进一步研究，同时伦理冥想与世俗冥想的定义及其在道德领域乃至心理学领域的研究还有待深入。

以往关于正念冥想对道德行为的研究存在结果上的分歧：部分学者研究发现正念能促进亲社会行为，且伦理冥想比世俗冥想有更好的效果；而部分研究发现正念并不能带来更多的道德行为（Eliseo，2016），而其关键预测因素是道德认同。在 Chen 和 Jordan 对 621 名学生的 8 天正念冥想训练研究中发现，伦理冥想增加了亲社会行为。但是本研究发现两种正念训练对捐赠行为并没有显著影响，这可能是因为正念训练时间较短，而亲社会行为本身比较稳定，难以改变。另外，此前的研究以国外被试为研究对象，关注他人与自己平等的伦理冥想会使亲社会意愿降低，这有可能是由于被试年龄和文化差异造成的。

本研究在中学生中的测试结果发现道德自我认同水平可正向预测亲社会意愿，这与前人研究结果一致 [曾晓强（2012），何丽艳（2014），王鸿，刘汉利（2014）]。而世俗冥想对道德认同产生显著的积极影响，相继伴随着更强的亲社会意愿；伦理冥想降低了道德认同，亲社会意愿也随之降低；这与前人（Chen & Jordan，2018）的研究又出现了分歧，且在大学生群体上也没有见到相似的结果。这一方面体现了短时正念训练和短期正念训练在道德品质上的不同作用效果，但是也有研究表明五分钟的正念训练也可以启动正念状态，为心理健康和亲社会带来一些好处，因此在正念训练的时间上，需要更多对比研究来说明不同时间的正念训练的作用效果；另一方面，正念训练对道德领域的研究还较少，尤其是伦理冥想，还需要更多的实证研究来说明。

结　论

短时正念冥想对中学生道德自我认同、亲社会意愿、道德推脱更容易产生影响，而大学生的道德心理不容易受到短时冥想练习的影响。短时正念并不一定能够带来亲社会意愿的增加。适合成年人的正念冥想不一定适用于青少年。

第三节 正念自我与自我健康

本节将进一步以基于临床应用的视角检验正念自我与不同心理症状以及对一些具体的病理性人格特质的心理症状的关系。大量研究表明特质正念与焦虑、抑郁症状呈显著的负相关（Tomlinson et al., 2018），而一项元分析的研究表明基于正念的认知干预疗法对焦虑（Hedges'g=.63）和抑郁（Hedges'g=.59）等情绪障碍有中等的改善效果（Hofmann et al., 2010）。进一步研究表明认知去融合、自我接纳、自我慈悲等富有正念意涵的认知与态度在正念干预与改善心理症状的过程中有着重要的作用。如Serfaty et al.（2018）等发现认知去融合、自我接纳等基于正念的干预策略能有效地改善烟民对香烟的渴求、负性情绪以及与药物相关的想法。Duarte and Pinto-Gouveia（2017a）针对医院护士的正念干预研究也表明自我接纳、自我慈悲对护士的职业倦怠、焦虑、抑郁、压力以及生活满意度都有显著的中介效应。这些研究表明富有正念意涵的自我认知与自我态度是正念干预训练的重要作用机制。因此，我们假设正念自我在正念与焦虑、抑郁症状之间有着显著的中介效应。

第一节的结果表明正念自我对不同人格的心理健康（心理、情绪、社会幸福感）均有着不同程度的调节作用。本研究我们将进一步探讨正念自我对特定的人群（病理性自恋人格特质、完美主义人格特质）的心理症状是否有显著的调节作用。在临床心理学里，自恋被视为一种人格障碍，其典型的心理与行为特征是傲慢自大（夸张性），有着较高的权利感，缺乏共情。已有研究表明病理性自恋人格特质往往与低自尊、适应不良的自我调节能力（Melguizo et al., 2011）、脆弱的自我概念或者说过度关注消极的自我概念（Morf & Rhodewalt, 2001）有关。另外，有研究认为完美主义、崇高的理想和标准是自恋型人格功能的一个重要部分（郭丰波 et al., 2016）。尽管目前对完美主义的定义以及维度构成都存在争议，但大多数研究都认为完美主义在本质上也是一种消极的人格特质，这种人格特质有两个核心的临床特征表现：一是过度依赖性的自我评价模式；二是设定严苛的个人标准（Shafran et al., 2002），但这种过高的个人标准的设定不是基于其本人过人的能力，而是基于对成就的过度渴望（Shafran et al., 2002）。有关完美主义与心理症状的机制的研究发现自我批判、自我隐藏、思维反刍等因素在完美主义与心理痛苦和抑郁之间有着显著的中介作用（费定舟，马言民，2017）。

　　这些研究表明无论是对病理性自恋人格特质而言，还是就完美主义人格特质而言，这些不良的人格特质都与不良的或扭曲的自我观、不当的自我提升动机（郭丰波 et al., 2016）以及消极的自我态度如自我严苛、自我批评、低自尊等因素有关。因此，缓解这些人的心理症状的一个方法就是改善他们对自我的觉知与洞察以及自我态度。正念自我这个构念正好反映了个体对自我的正确洞察水平以及对自我接纳、友善、不评判的自我态度，且已有研究表明富有正念意涵的自我态度如自我慈悲能通过激活自我安抚系统的方式来提升自我的安全感与情绪的平静感（Neff et al., 2007）。同时，来自临床与非临床群体的大量研究表明病理性自恋人格特质、完美主义人格特质往往与显著的焦虑和抑郁等心理症状或痛苦有关。基于以上分析，我们认为正念自我水平的高低对这些不良人格特质的心理痛苦（焦虑\抑郁）有显著的调节作用。

工　具

　　（1）正念自我量表、中文简版正念量表（FFMQ-20）（同上）。
　　（2）医院焦虑抑郁量表。医院焦虑抑郁量表（The Hospital Anxiety and Depression Scale，HADS）是 Zigmond and Snaith（1983）开发的用于非精神病医院识别病人可能存在的焦虑障碍和抑郁障碍的自评工具。该量表包含抑郁和焦虑两个分量表，各有 7 个题项，采用的 4 点评分（0 最弱症状水平—3 最强症状水平）。Bjelland et al.（2002）梳理了 747 篇使用了 HADS 的文章，就 HADS 的因素结构问题、信效度问题、敏感性与特异性问题进行了分析，结果表明 HADS 具有良好的信效度，可用于精神病学与初级护理病人以及一般人群的焦虑、抑郁障碍的评估。最新的一些研究也表明该量表可用于一般人群的焦虑症状、抑郁症状的评估（Hinz & Brähler，2011）。该量表的信效度分别在中国的一般人群（青少年）（Chan et al.，2010）以及病人群体（如癌症患者及其照料者）（Li et al.，2016）中获得了检验，认为该量表既可以用于各种病人群体，也可用于一般人群（如学生、社区居民）的焦虑与抑郁症状的快速筛查。

（3）积极—消极完美主义量表。积极、消极完美主义量表（Positive and Negative Perfectionism Scale，PANPS）是由 Terry-Short 等人编制（1995），包括：积极完美主义和消极完美主义两个维度，共 40 个条目，采用李克特 5 点量表计分，从"非常不符合"到"非常符合"。每个维度包括 20 个条目，计算每个维度总分后除以该维度的条目数，所得平均分为该维度得分，得分在 1 至 5，得分越高，积极或消极完美主义倾向越明显。Terry-Short 等人 1995 年报告了该量表具有较好的结构效度，认为 PANPS 得分能鉴别出 86% 的临床进食障碍患者。周雪婷（2012）针对中国大学生对该量表进行了修订，通过探索性和验证性因素分析最后确定 PANPS 中文修订版由 2 个因子、25 个项目组成。因子一的负荷值在 .40—.67，共 12 题，主要涉及对成就、竞争和能力方面的期望以及个体对成就、挑战所经历的积极情绪；因子二的负荷值在 .43—.65，共 13 题，主要涉及不能达到他人或自己的期望所产生的情绪以及使他人失望、被评价、辜负期望所伴随而产生的内疚感和羞愧感。PANPS 的两个维度——积极完美主义维度和消极完美主义维度的 α 系数均为 .80，对 25 个条目总量表的内部一致性信度系数检验，Cronbach's α 为 .84，这表明该量表具有良好的内部一致性信度。积极完美主义、消极完美主义的重测信度分别为 .81 和 .79；总量表的重测信度为 .83，这表明该量表具有较好的跨时间稳定性。

（4）简版病理性自恋量表（SB-PNI）。夸张性（Grandiosity）和脆弱性（vulnerability）被认为是不同类型的自恋人格具有的两个核心的功能紊乱表现（Cain et al.，2008）。为此，Pincus 等编制了一个可同时测量夸张性自恋和脆弱性自恋的病理性自恋问卷（Pathological Narcissism Inventory，PNI）

（2009）。PNI 原量表有 52 个题项，包括 7 个二阶因素，问卷各维度的内部一致性系数为 .75—.92。其中，脆弱性包含：不稳定的自尊（Contingent Self-Esteem）、隐藏的自我（Hiding the Self）和贬损（Devaluing）3 个因子；夸张性包含剥削（Exploitativeness，EXP）、自我牺牲而自我提升（Self-Sacrificing Self-Enhancement）、夸张的幻想（Grandiose Fantasy）和特权愤怒（Entitlement Rage）4 个因子。为了提高施测效率，Schoenleber 等在 PNI-52 的基础上开发了 28 个项目构成的简版病理性自恋问卷（Brief Version of the Pathological Narcissism Inventory，B-PNI）（2015）。B-PNI 问卷原量表的基本维度结构，各维度的内部一致性系数为 .75—.93，可以作为病理性自恋人格的快速测评。

被　试

采用方便抽样方法从山东、吉林、内蒙古、北京、湖南、湖北、四川、重庆、广东等不同高校以及多个正念微信群和 QQ 群进行问卷抽样调查，调查形式是通过问卷星网络发布，要求被试利用手机或电脑进入调查网页根据指导语进行真实的在线调查。为保证调查数据的质量，我们主要采取集中测试的方式进行数据的收集。此次调查共参与被试 605 人，删除无效数据 180 份，最后得到有效数据 425 份，其中数据删除的两个主要参考依据是：（1）问卷作答的时长；（2）问卷缺失值。有效被试的相关信息见表 6-9。

表 6-9　有关被试的描述统计结果（$N = 425$）

性别		年级						有无正念冥想经历		年龄
男	女	大一	大二	大三	大四	研究生	已毕业人士	有	无	均值（方差）
72	353	42	123	72	41	39	108	81	344	22.80 ± 5.92

结　果

共同方法偏差检验

采用了 Harman 单因素检验法进行共同方法偏差的检验。根据该方法的假设，如果共同方法变异构成了一个问题，那么通过探索性因素分析得到的第一个因素能解释绝大部分（>50%）的变异（Harman，1967；Podsakoff & Organ，1986）。通过探索性因素分析，本研究将所有题项进行未旋转的探索性因素分析，结果表明在探索性因素分析中，第一个因子的变异占总变异的15.15%，这说明本研究不存在严重的共同方法偏差问题。

变量间的均值、方差与相关分析结果

表 6-13 呈现了正念自我量表与焦虑、抑郁症状量表等多个病理性临床症状量表的相关结果。首先，从正念、正念自我与焦虑、抑郁的相关结果来看，正念与焦虑（$r=-0.22$，$p<0.01$）、与抑郁（$r=-0.22$，$p<0.01$）症状之间呈显著的负相关。正念自我与焦虑（$r=-0.21$，$p<0.01$）、与抑郁（$r=-0.12$，$p<0.01$）症状之间呈显著的负相关。这与已有的大量研究结果是一致的。从具体的维度来看，正念、正念自我各维度对焦虑、抑郁之间有着不同的相关关系。如表 6-13 的结果显示，正念的观察（$r=-0.17$，$p<0.01$）、不评判（$r=-0.23$，$p<0.01$）、有觉知的行动（$r=-0.35$，$p<0.01$）与焦虑呈显著负相关；而正念自我的自我洞察（$r=-0.40$，$p<0.01$）、自我接纳（$r=-0.26$，$p<0.01$）维度与焦虑呈显著的负相关，但发现焦虑与不执着（$r=0.26$，$p<0.01$）、与自我慈悲（$r=0.14$，$p<0.01$）均呈显著正相关。对抑郁而言，它主要与正念的观察（$r=-0.20$，$p<0.01$）、描述（$r=-0.24$，$p<0.01$）、不反应（$r=-0.12$，$p<0.01$）有显著的负相关；与正念自我的不执着（$r=-0.16$，$p<0.01$）、自我慈悲（$r=-0.21$，$p<0.01$）呈显著的负相关，而与自我洞察、自我接纳（经验的回避）不存在显著的相关性。其次，关于自恋与正念、正念自我、焦虑、抑郁的相关关系，本研究的结果显示自恋与正念（$r=0.29$，$p<0.01$）、正念自我（$r=0.22$，$p<0.01$）都呈显

著的正相关，但从自我与正念、正念自我各维度的相关系数上来看，正念与夸张性自恋的关系更为密切（$r_{正念·夸张性自恋}=0.35$，$p<0.01$；$r_{正念·脆弱性自恋}=0.17$，$p<0.01$），而正念自我与脆弱性自恋的关系更为密切（$r_{正念自我·夸张性自恋}=0.11$，$p<0.01$；$r_{正念·脆弱性自恋}=0.23$，$p<0.01$）。同时，本研究结果显示脆弱性自恋与抑郁之间没有显著的相关性（$r=-0.16$，$p<0.01$），但与焦虑间存在较高的负相关（$r=-0.40$，$p<0.01$）。而夸张性自恋与焦虑（$r=-0.21$，$p<0.01$）、抑郁（$r=-0.14$，$p<0.01$）之间均存在显著的负相关。

另外，本研究还显示消极的完美主义与焦虑呈显著的负相关（$r=-0.36$，$p<0.01$），但与抑郁不相关；而积极的完美主义与焦虑不相关，但与抑郁呈显著的负相关（$r=-0.16$，$p<0.01$）。这与已有的一些相关研究结果既有一致之处，也有不一致的地方。如肖长根等（肖长根 et al., 2016）等的调查发现积极完美主义与焦虑、抑郁呈负相关，消极完美主义与焦虑、抑郁呈正相关。周雪婷（周雪婷 et al., 2014）的调查结果表明积极完美主义焦虑呈显著正相关，与抑郁呈显著负相关；消极完美主义与焦虑和抑郁均呈显著正相关。而本研究的结果显示积极完美主义与焦虑不存在显著的相关。另外，就完美主义与正念以及与正念自我的相关分析结果来看，消极完美主义与正念（$r=0.34$，$p<0.01$）、正念自我（$r=0.26$，$p<0.01$）之间均呈显著的正相关，积极完美主义与正念（$r=0.32$，$p<0.01$）、正念自我（$r=0.12$，$p<0.01$）也存在显著的正相关，但与正念、正念自我的具体维度的相关方向并不完全一致，具体表现为消极完美主义与不执着（$r=-0.13$，$p<0.01$）、自我慈悲（$r=-0.13$，$p<0.01$）呈负相关，但与描述、不反应不存在显著相关。对积极完美主义而言，它与正念、正念自我的绝大部分维度都呈显著的正相关。因此，可以说积极的完美主义是一种积极的品质。

正念自我对正念与焦虑、抑郁的中介影响

第四章的理论假设认为，正念自我可能在正念与心理健康中起着显著的中介作用。为此，我们使用 Hayes.（2013）开发的 "PROCESS procedure"（Model 4）插件在 SPSS21.0 软件中进行了中介效应分析，设定样本量为

5000，Bootstrap取样方法选择偏差校正的非参数百分位法；置信区间的置信度为95%。

　　首先，以五因素正念量表为自变量，焦虑总分为因变量，正念自我量表总分为中介变量进行中介效应分析，结果见表6-10和图6-6。从表6-10和图6-6可见，在以正念自我总分为中介变量的中介效应分析中，95%的置信区间值为在-0.05至-0.01，不包含0，表明中介效应显著，中介效应的大小为-0.10，其效果量为0.05。这表明正念自我对五因素正念与焦虑症状有显著的且中等程度的中介效应。

表6-10　正念自我对正念与焦虑的中介效应

因变量 = 焦虑		effect（效应量）	SEboot	效果量（K^2）	BC 95% CI	
					Lower	Upper
自变量 = 五因素正念量表	直接效应	−0.10[a]	0.03		−0.16	−0.04
正念自我的间接效应		−0.03 [a]	0.01	0.05	−0.05	−0.01

注：a表示置信区间不包含0。

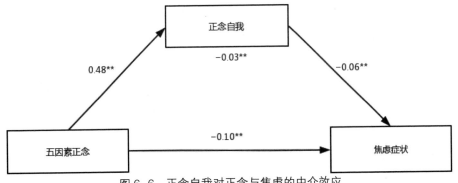

图6-6　正念自我对正念与焦虑的中介效应

　　接着以五因素正念量表为自变量，抑郁总分为因变量，正念自我量表总分为中介变量进行中介效应分析，结果见表6-11。表6-11的结果显著，中介分析95%的置信区间值介于-0.03至0.01，包含0。这表明正念自我总分的中介效应不显著。进一步以各维度为中介变量进行分析时，结果显示自我慈悲对其有显著的中介影响，95% 的置信区间值介于 −0.04 至 −0.003 之间，不包括 0，其中介效应为 −0.02，其效果量 $K^2=0.04$。这表明自我慈悲在正念与抑郁之间具有统计学意义的中介效应。

表 6–11 正念自我对正念与抑郁的中介效应

因变量：抑郁	effect（效应量）	SEboot	效果量（K^2）	BC 95% CI Lower	BC 95% CI Upper
自变量：五因素正念量表					
直接效应	−.10[a]	.03		−.15	−.05
正念自我的间接效应	−.01	.01		−.03	.01
自我洞察的间接效应	.003	.01		−.001	.01
不执着的间接效应	.01	.01		−.01	.002
自我慈悲的间接效应	−.02[a]	.01	.04	−.04	−.003
自我接纳的间接效应	−.003	.01		−.02	.01

注：a 表示置信区间不包含 0。

正念自我对自恋 / 完美主义人格的焦虑、抑郁症状的影响

第一，为研究正念、正念自我对自恋 / 完美主义人格的与抑郁、焦虑关系的调节效应，我们采用 Hayes（2013）的 "PROCESS" 程序（Model 1）分别以正念、正念自我及其各维度进行了调节效应分析，设定样本量为 5000，Bootstrap 取样方法选择偏差校正的非参数百分位法；置信区间的置信度为 95%。该结果（见表 6–11）显示脆弱性自恋的主效应显著（$\beta=-.26$，$t=-4.75$，$p<0.01$），脆弱性自恋与不执着乘积的交互项回归系数显著（调节效应）（$\beta=0.03$，$t=2.38$，$p<0.01$，$\Delta R^2=0.01$）。进一步利用 "PROCESS" 程序，使用 J-N 法进行简单斜率检验（Reynolds & Ceranic，2007；Reynolds & Ceranic，2007），得到调节变量不执着（Z）的 J-N 显著域为 [1.00，6.39]，即当调节变量 Z 在 [1.00，6.39] 取值时，简单斜率 $\alpha+cZ=-.26+.03Z$ 都显著不为 0，见图 6–7。

第二，以脆弱性自恋为自变量，自我慈悲为调节变量进行回归分析的结果显示，脆弱性自恋（$\beta=-.39$，$t=-5.62$，$p<0.01$）、自我慈悲（$\beta=-.13$，

$t=-3.19$，$p<0.01$）以及二者的交互项（$\beta=-.05$，$t=-3.52$，$p<0.01$）主效应均显著。这表明自我慈悲的调节效应显著。进一步利用"PROCESS"程序，使用 J-N 法进行简单斜率检验（Reynolds ＆ Ceranic，2007；Reynolds ＆ Ceranic，2007），得到调节变量不执着（Z）的 J-N 显著域为 [1.00，6.64]，即当调节变量 Z 在 [1.00，6.64] 取值时，简单斜率 $\alpha+cZ=-.21-.09Z$ 都显著不为 0，见图 6-8。

第三，以抑郁为因变量、积极完美主义为自变量、正念自我总分为调节变量进行调节效应分析，其结果显示积极完美主义（$\beta=-.30$，$t=-2.72$，$p<0.05$）、正念自我（$\beta=-.31$，$t=-2.73$，$p<0.05$）以及二者的交互项（$\beta=.07$，$t=2.39$，$p<0.05$）的主效应均显著。这表明正念自我的调节效应显著。进一步利用"PROCESS"程序，使用 J-N 法进行简单斜率检验，得到调节变量不执着（Z）的 J-N 显著域为 [1.00，3.90]，即当调节变量 Z 在 [1.00，3.90] 取值时，简单斜率 $\alpha+cZ=-.30-.07Z$ 都显著不为 0，见图 6-9。

第四，以抑郁为因变量、积极完美主义为自变量、自我慈悲为调节变量进行调节效应分析，其结果显示积极完美主义（$\beta=-.19$，$t=-2.85$，$p<0.01$）、正念自我（$\beta=-.18$，$t=-3.21$，$p<0.01$）以及二者的交互项（$8=.03$，$t=2.49$，$p<0.05$）的主效应均显著。这表明正念自我的调节效应显著。进一步利用"PROCESS"程序，使用 J-N 法进行简单斜率检验，到调节变量不执着（Z）的 J-N 显著域为 [1.00，4.61]，即当调节变量 Z 在 [1.00，4.61] 取值时，简单斜率 $\alpha+cZ=-.19-.03Z$ 都显著不为 0，见图 6-10。

表 6-12　正念自我与自恋人格的焦虑 / 抑郁症状的调节效应

变量	β	MSE	t	R^2	ΔR^2	F
（1）因变量：焦虑；自变量：脆弱性自恋 调节变量：不执着						
总模型				.44		34.11**
脆弱性自恋	-.26	.06	-4.75**			
不执着	-.06	.04	-1.38			
脆弱性自恋 * 不执着	.03	.01	2.38**		.01	2.38**

续表

变量	β	MSE	t	R^2	ΔR^2	F
（2）因变量：焦虑；自变量：脆弱性自恋 调节变量：自我慈悲						
总模型				.19		32.70**
脆弱性自恋	-.39	.07	-5.62**			
自我慈悲	-.13	.04	-3.19**			
脆弱性自恋 * 自我慈悲	.05	.01	3.52**		.02	12.38**
（3）因变量：抑郁；自变量：积极完美 主义调节变量：正念自我						
总模型				.04		5.59**
积极完美主义		.11	-2.72*			
正念自我		.11	-2.73*			
积极完美主义 * 正念自我		.03	2.39*		.01	5.73*
（4）因变量：抑郁；自变量：积极完美 主义调节变量：自我慈悲						
总模型				.07		10.11**
积极完美主义		.06	-2.85**			
自我慈悲		.06	-3.21**			
积极完美主义 * 自我慈悲		.01	2.49*		.01	6.20*

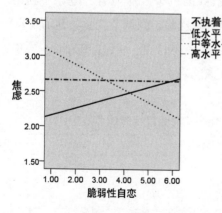

图 6-7 脆弱性自恋 * 不执着调节效应

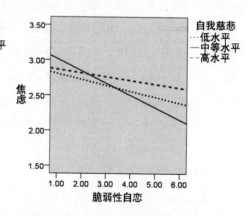

图 6-8 脆弱性自恋 * 自我慈悲调节效应

表 6-13　正念自我与焦虑、抑郁等临床症状之间的相关

	M±SD	正念自我	焦虑	抑郁	夸张性自恋	脆弱性自恋	正念	观察	描述	不反应	觉知行动	不判断	消极完美	积极完美	不执着	自我接纳	自我慈悲
焦虑	2.73±0.29	-.21**															
抑郁	2.29±0.25	-.12*	.08														
夸张性自恋	3.60±0.62	.11*	-.21**	-.15**													
脆弱性自恋	2.96±0.74	.24**	-.41**	.02	.33**												
五因素正念	3.14±0.49	.35**	-.22**	-.21**	.35**	.17**											
观察	3.49±0.91	.16**	-.17**	-.21**	.30**	.07	.72**										
描述	3.03±0.89	.05	.01	-.24**	.28**	-.16**	.54**	.37**									
不反应	3.21±0.70	.25**	.09	-.13**	.160**	-.17**	.61**	.41**	.34**								
觉知行动	2.83±0.98	.26**	-.35**	-.01	.14**	.46**	.41**	.03	-.12*	-.15**							
不判断	3.16±0.77	.29**	-.23**	-.09	.21**	.31**	.68**	.34**	.17**	.21**	.33**						
消极完美	2.96±0.72	.27**	-.37**	-.04	.37**	.61**	.34**	.20**	.09	-.01	.34**	.42**					
积极完美	3.88±0.64	.12*	-.09	-.12*	.45**	.15**	.32**	.23**	.31**	.24**	.02	.18**	.46**				
不执着	4.18±1.20	.36**	.26**	-.16**	.05	-.31**	.17**	.15**	.25**	.45**	-.34**	-.02	-.14**	.14**			
自我接纳	3.63±1.40	.68**	-.26**	-.03	.06	.29**	.24**	.06	-.01	.05	.31**	.29**	.28**	.02	-.14**		
自我慈悲	4.92±1.20	.36**	.14**	-.22**	.05	-.27**	.24**	.22**	.31**	.46**	-.28**	.03	-.13**	.18**	.44**	-.01	
自我洞察	3.44±1.37	.62**	-.40**	.07	.06	.53**	.13**	-.03	-.26**	-.23**	.58**	.24**	.39**	-.02	-.33**	.48**	-.30**

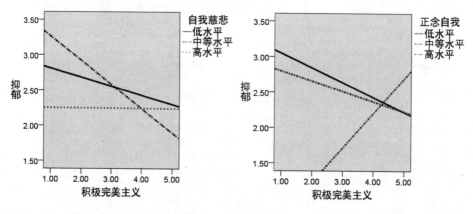

图 6-9　积极完美 * 正念自我调节效应　　　图 6-10　积极完美 * 自我慈悲调节效应

讨　论

　　第一节主要从自我发展以及积极心理学的角度探讨了正念、正念自我与人格、自我实现、心理健康之间的关系。第二节则基于临床应用的角度探讨了正念、正念自我与焦虑 / 抑郁障碍、病理性自恋人格等变量之间的关系。结果发现正念、正念自我与焦虑 / 抑郁症状之间均呈显著性的负相关。这与已有的相关研究结果总体上是一致的，但也有些差异。已有的大量研究表明正念总分与焦虑、抑郁症状之间呈显著的负相关，但在具体的各个维度与焦虑、抑郁的关系上不同研究的结果间存在差异。如 Brown（2015）等针对大学生的调查发现五因素正念量表有觉知行动、描述、不反应、非评判四个维度与焦虑、抑郁都呈显著的负相关，而观察维度与焦虑 / 抑郁呈显著的正相关。Freudenthaler（2017）等的研究发现对非临床被试而言，五因素正念的观察维度与焦虑和抑郁间不存在显著的相关，排除了该维度后的正念总分与焦虑抑郁分别有显著的负相关。为此他们认为在对非临床被试群体进行研究分析时，需要就观察维度进行独立的分析。然而本研究的结果显示观察与焦虑、抑郁都有显著的负相关，描述和不反应两个维度与焦虑之间没有显著的相关。Harnett（2016）等基于社交媒体招募被试进行的一项调查研究发现五因素正念的总分与焦虑抑郁呈显著的负相关，但观察维度与焦虑抑郁呈正相关，而不反应与焦虑、抑郁的相关不显著。这些研究在一些细节上存在差异，这种差异可能与被试的个体差异以及测量误差等因素有关，但是总体上的研究结果是一致的，即正念与焦虑、抑郁呈显著的负相关。

　　本研究的结果表明正念自我与焦虑、抑郁呈显著的负相关，进一步的中介分析表明正念自我在正念与焦虑症状水平之间有显著中介效应。从效果量的大小来看，达到可期望的效果（$k^2 = .05$）。尽管正念自我总分对正念和抑郁没有中介影响，但正念自我的自我慈悲对正念与抑郁间有显著的中介影响。这也与已有的相关研究结果具有一致性。如 Ju 和 Lee（2015）在一项针对韩国大学生的调查研究中发现自我慈悲在正念与抑郁之间具有部分的中介效应。然而，在本研究中也有部分结果与国外的一些研究结果不一致，如国外的一些研究利用 Sahdra 等编制的不执着量表进行的相关调查研究表明不执着与焦虑、抑郁均呈显著的负相关（Bhambhani & Cabral, 2015; Feliu-Soler et al., 2016），但本研究的结果显示正念自我量表中的不执着维度仅与抑郁呈显著负相关，与焦虑呈正相关。究其原因，我们认为可能更为重要的原因是跟当下中国所呈现出来的普遍性的社会焦虑有关（胡洁，2017；周晓虹，2014），有学者更是指出焦虑已成为不确定性时代的一种基本社会心态（王小章，2015）。在这种的社会背景中，焦虑也是大学生群体普遍存在的心理问题（陈寒，2014；赵小群，2013）。因此，在这样的社会背景下的个体很难做到淡然地面对个人学业 / 事业的成败问题；也难以不受负性情绪的影响或快速地从负性情绪中恢复过来，从而保持静定而不执着的心态。

　　本研究还探讨了正念、正念自我、（积极 / 消极）完美主义人格、（夸张性 / 脆弱性）自恋人格及其与焦虑、抑郁之间的关系。相关分析的结果表明正念、正念自我与（夸张性 / 脆弱性）自恋人格均呈显著的正相关。Scavone（2017）的研究也发现自恋与正念成显著的正相关。自恋与正念的正相关结果可能与如下几方面的因素有关：一方面自恋的人往往会夸大自我感觉并过高估计自己的能力（Ames & Kammrath, 2004; Wai & Tiliopoulos, 2012）；另一方面，高自恋的人往往对环境线索比较"敏感"，会更多地注意对环境线索的观察以判断其他人对自己的看法（Scavone, 2017），这也可能是到导致自恋者与正念、正念自我正相关的原因。但是从正念与正念自我的各个维度与自恋的相关结果来看，不同维度与自恋的关系并不完全一致，如自我慈悲与脆弱型自恋之间存在显著的负相关。这与脆弱型自恋的人具有自我批判、过度认同等人格特点有关，但进一步的调节效应分析没有发现正念、正念自我在自恋与焦虑或抑郁之间有显著的调节作用。这与 Barry 等的研究结果是一致的，他们针对辍学的青少年的研究也发现自我慈悲与脆弱性自恋存在显著的负相关，但自我慈悲在自恋与攻击性之间也没有起到显著的调节作用（Barry et al.，2015）。类似地，有关正念、正念自我与完美主义、焦虑、抑郁之间的相关研究结果表明正念、正念自我总分与（积极 / 消极）完美主义均呈显著的正相关。但消极完美主义与正念自我的不执着、自我慈悲两个维度呈显著的负相关，与正念的描述、不反应维度不存在显著的相关。同时相关分析的结果显示消极完美主义与焦虑存在显著的负相关，而积极完美主义与抑郁呈现显著的负相关。这与已有相关研究的结果是一致的。积极完美主义者具有较高的成就动机，更容易受到高自尊、高自我满足的积极强化，所以他们不容易产生焦虑情绪，而消极完美主义者受到消除失败的恐惧、消除羞愧感与批评的负强化的影响，所以他们更容易产生焦虑情绪（Rong Xing et al.，2010）。

进一步的调节效应分析结果表明不执着、自我慈悲对脆弱性自恋人格的焦虑有显著的调节效应。不执着对脆弱性自恋人格的焦虑的调节效应结果显示：脆弱性自恋大学生不执着水平能负向预测他们的焦虑水平，但是根据 J-N 法计算得到的不执着的显著域 [1.00，6.39] 结合来看，当不执着水平高于 6.39 时，不执着水平对脆弱性人格的焦虑的调节效应就不显著了。类似地，大学生处于 [1.00，6.64] 区间的自我慈悲水平能显著的负向预测脆弱性自恋人格的焦虑水平，但是当自我慈悲水平过高时，它对脆弱性自恋人格的焦虑的调节效应就不显著了。这可能与脆弱性自恋人格特质的特点有关。高水平的不执着、自我慈悲意味着顺其自然的、深度的自我接纳与自我关怀。但由于脆弱性自恋个体往往有着更高的敏感性、羞愧感、自卑感。因此深度的自我接纳与自我关怀可能会"激活"他们更高水平的敏感性与羞愧感。同时有研究与夸张性自恋人格特质不同，脆弱性自恋个体在面对焦虑等压力应对问题时，他们倾向于选择否认策略以及放弃高的目标（Segal et al.，2005）来缓解压力。因此过高的不执着与自我慈悲并不会对脆弱性自恋个体的焦虑水平有显著的调节作用。

　　对完美主义人格而言，调节效应分析的结果表明正念自我总分以及自我慈悲仅对积极完美主义的抑郁症状有显著的调节作用。具体而言，当正念自我总分在 [1.00，3.90] 区间时，自我慈悲水平在 [1.00，4.61] 区间时，它们对积极完美主义的抑郁水平有显著的负向预测影响，当正念水平以及自我慈悲水平过高时，它们对积极完美主义的抑郁水平就没有显著的影响了。这个结果可能正好反映了积极完美主义人格的心理行为特征。积极完美主义者喜欢完成具有挑战性的任务，总是喜欢表现一种"强者""佼佼者"的心态，不愿意承认自己的弱点与不足。高自我慈悲就意味着个体完全承认并自己的不足与局限性。这可能是积极完美主义者难以接受的。所以高水平的自我慈悲难以对积极完美主义的抑郁水平起到显著的调节作用。同时，该研究发现正念水平对积极与消极完美主义人格特质没有显著的调节作用。这表明不执着、自我慈悲等正念态度比正念对脆弱性自恋、积极完美主义者有着更为重要而积极的影响。这对完美主义人格的心理治疗与教育也具有理论指导意义。已有研究发现在针对完美主义患者的正念干预治疗中，培养他们对自己自我慈悲的态度比提升他们的观察、描述等正念技能可能更有用（James et al.，2015）。

结　论

　　（1）正念自我与焦虑、抑郁呈显著的负相关，且正念自我总分（或部分维度因素）在正念与焦虑、抑郁间有显著且中等程度的中介效应。

　　（2）相比大学生而言，短时正念冥想对中学生道德自我认同、亲社会意愿、道德推脱更容易产生影响。

　　（3）适合成年人的正念冥想不一定适用于青少年。

　　（4）正念自我（不执着、自我慈悲）对脆弱性自恋人格的焦虑有显著的调节作用，正念自我总分以及自我慈悲维度对积极完美主义的抑郁有显著的调节效应。

第四节　正念自我的促进干预研究

在临床实践中，大多数研究者采用 8 周作为干预治疗的"标准"时长。然而近年来，不断有研究表明 8 周的训练时长并不是产生效果的最低"剂量"，而且有研究显示治疗效果并不与干预计划的持续时长或干预次数呈强正相关（Carmody & Baer，2008）。有研究表明为期 3 周的短期正念冥想训练就能提升冠状动脉成形术患者的一般生活质量（Levine，et al.，2017），能显著地降低紧张性慢性头疼症状（Cathcart et al.，2014）。5 周的正念训练能有效地提升个体的情绪调节能力和心理幸福感（Mitchell & Heads，2015b），帮助学生有效应对压力（Phang et al.，2015）。这些研究表明 3 至 6 周的短期正念干预也能产生不同方面的积极效应。

关于正念干预训练减压、降低心理焦虑或抑郁症状水平或提升个体情绪调节能力、心理健康水平的心理机制，除了大多数研究者强调的再感知、元认知、去中心化等认知因素外，根据我们前面第 4 章的研究结果，富有正念意涵的自我认知和自我态度在正念与心理健康之间也发挥着重要的作用。然而，目前还缺乏支持该假设的实验数据。根据前面的文献分析和有关正念自我的理论假设，我们认为正念冥想训练能显著地提升个体的正念自我认知与态度，这种正念自我认知与态度的改变在正念与个体情绪调节能力与心理健康水平的提升以及焦虑抑郁症状的降低中有着重要的中介作用。因此，本研究将设计为期 5 周的正念冥想随机控制干预实验，其目的是：（1）检验 5 周的正念冥想干预训练能否促进非临床群体被试正念自我认知与态度的提升；（2）验证正念自我对非临床群体个体的心理健康水平、心理症状水平的中介作用。

被　试

通过正念冥想的公益讲座在重庆文理学院进行被试的招募（参与人数约150人），讲座的内容是有关正念冥想的科学研究进展介绍。在讲座最后阶段介绍了本研究的被试招募信息，邀请被试自愿参与（有71名自愿者表示愿意参与），自愿参与者在讲座结束后留下来进一步接受有关本研究的介绍并进行被试筛选测评。根据正念冥想干预的被试排除标准（Lomas, Cartwright, et al., 2015），我们选用了如下筛选排除工具与排除标准：（1）SCL-90因子分中至少有一个3分以上（姜巧玲 et al., 2009）；（2）无癫痫、严重心脏病等不适宜生理疾病；（3）无精神分裂症等家族遗传病史。经筛选共有62名被试符合要求，并根据登记表随机分成实验组和线下等待组（对照组）。被试的基本信息以及具体招募流程分别见表6–14和图6–11。

表6–14　正念自我干预实验被试基本信息

		性别		年级			年龄
		男	女	大一	大二	大三	M ± SD
组别	实验组（N=31）	9	22	19	2	10	19.45 ± 1.06
	对照组（N=31）	4	27	26	5	0	18.90 ± 0.98

测量工具

（1）自编正念自我量表、医院焦虑抑郁量表、正念量表（FFMQ-20）（同上）。

（2）认知情绪调节问卷。 认知情绪调节问卷（CERQ，cognitive emotion regulation questionnaire）是Garnifski在综合以往情绪应对理论的相关文献后编制的评估情绪调节认知策略的工具（Garnefski et al., 2001）。该量表共36个条目，采用的是5点likert计分法，包括9个分量表：自我责难、接受、沉思、积极重新关注、重新关注计划、积极重新评价、理性分析、灾难化、责难他人。每个分量表4个条目。如果被试在某个分量表上的得分越高，就表明被试越有可能在面临负性事件时使用这个特定的认知策略。大量来自不同文化背景中的研究表明，CERQ 是一个测量认知情绪调节的可靠而有效的问卷，能很好地评估 12 岁以上的个体在遭遇负面生活事件后使用的情绪调节认知策略。国内的多项针对该量表的信效度检验的研究表明认知性情绪调节问卷中文版（CERQ—C）的信度和效度符合心理测量学要求，是评估认知性情绪调节策略有效且可靠的测量工具（姚德雯 et al., 2017；朱熊兆 et al., 2007）。

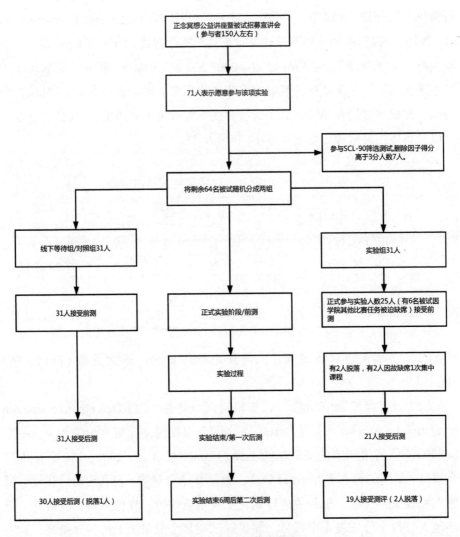

图 6-11　被试招募流程图

实验材料与过程

　　笔者是此次5周正念冥想干预训练课程的设计者与指导者，在策划此次正念冥想指导之前，笔者已在上海精神卫生中心接受过正念认知疗法在临床中应用的5天连续培训课程学习，指导老师是来自意大利的资深正念临床心理学家；同时还参加过连续3天的接纳承诺疗法的师资培训课程。除此之外，笔者也一直在坚持正念冥想的理论学习和练习，具备设计与指导正念冥想干预课程的基本资质。

　　根据8周正念减压课程、8周正念认知疗法（MBCT）的课程内容安排，同时还参考了接纳承诺疗法的相关内容，我们设计了5周正念自我成长教育训练课程。课程方案见表6-15。从课程内容与结构上来讲，本研究中的5周正念冥想课程相比标准版的8周正念冥想课程而言，主要缺少了一次全天的"静默止语"冥想练习和"正念瑜伽"这两个部分的内容，其他的课程内容（包括家庭作业）以及课程时长与标准版的8周正念冥想练习没有明显差异。此次正念冥想的干预训练课程时长为连续5周，每周一次约2小时至2.5小时的集中指导练习（包括一些必要的心理教育）。根据Segal，Williams和Teasdale（1989）的建议，我们每次（第一次除外）的集中指导训练都遵循如下课程顺序结构："开始练习""反馈（包括对家庭作业练习情况的反馈）""心理教育""再练习""再反馈""布置家长作业""结束"。同时，每次课程都要向被试发放相应的学习主题资料以及家庭作业资料（含家庭作业练习情况记录表），要求被试在课后积极完成相应的正式的与非正式的正念冥想练习并做好记录。

　　在整个干预过程中，我们利用5.2部分的量表进行了三次测评：（1）第1周开始时的第一次测评——前测；（2）第5周干预训练结束时的第二次测评——后测；（3）干预训练结束6周后的第三次测评——追踪后测。由于各种原因，出现了部分被试的脱落，在第三次追踪测评时，共有49人参与测评（实验组19人，对照组30人）。在完成这3次测试时，向每位被试支付了30元的被试费。

表 6-15　5 周正念自我冥想随机干预实验方案

周次	正念教育活动	家庭作业
1	课程介绍和躯体感觉的正念觉知练习 活动目的： 介绍课程的相关要求，设定保密性规则；了解心理活动的三种基本模式——"自动导航模式""痛苦回避模式""目标—行动模式"；通过躯体觉知练习理解正念的内涵。 活动内容/项目： （1）课程简介；自我介绍以及参与动机分享。（30 分钟） （2）正念与心理活动的一般模式的心理教育。（20 分钟） （3）"吃葡萄干"练习①。（15 分钟） （4）"'吃葡萄干'练习"活动的反馈与讨论。（5 分钟） （5）"身体扫描"练习②。（35 分钟） （6）"'身体扫描'练习"的反馈与讨论。（5 分钟） （7）布置家庭作业，分发家庭作业相关材料。 （8）结束课程。	（1）"身体扫描"练习，每周 6 天。 （2）生活中的正念练习，如正念吃饭、正念洗澡、正念自拍，……每天至少 1 项。 （3）阅读"清澈的心灵——正念的隐喻"③材料。
2	想法与感受的正念觉知练习 活动目的： "想法不等于事实""认知去融合"的理解与练习。 活动内容/项目： （1）身体扫描练习（15 分钟）。 （2）练习反馈以及家庭作业的反馈、回顾（15 分钟）。 （3）静坐冥想练习及讨论（45 分钟）。 （4）正念伸展运行 + 休息（10 分钟）。 （5）有关情绪与想法的本质与关系的心理教育 　　（"'街头偶遇'练习"④"'三步解离'练习"⑤） 　　（15 分钟）。 （6）"'观念头冥想'练习"⑥（20 分钟）。 （7）家庭作业布置（5 分钟）。 （8）结束课程。	（1）"身体扫描"练习，前 3 天；后 3 天"观念头冥想练习"。 （2）随溪漂流练习⑦。 （3）生活中的正念练习，如正念吃饭、正念洗澡、正念自拍，……每天至少 1 项。

① 引自《抑郁症的正念认知疗法（第二版）》，[加]津德尔·西格尔，[英]马克·威廉斯，[英]约翰·蒂斯代尔 著，余红玉译，2017，世界图书出版公司。

② 改编自《抑郁症的正念认知疗法（第二版）》和 Didonna (2016)，上海精神卫生中心：《强迫症的正念认知疗法的连续师资培训课程》。

③ 改编自《心理治疗中的智慧与慈悲》，[美]克里斯托弗·杰默（朱一峰译），中国轻工业出版社，2017，第 340 页。

④ 引自《八周正念之旅》，约翰·蒂斯代尔（John Teasdale），中国轻工业出版社，译者：聂晶，2017，第 72 页。

⑤ 引自《接纳承诺疗法简明实操手册》：[澳]罗斯·哈里斯（Russ Harris），译者：祝卓宏，张婍，曹慧，机械工业出版社，2016，第 139 页。

⑥ 同上，第 146 页。

⑦ 同上，第 144 页。

续表

周次	正念教育活动	家庭作业
3	经验的不回避 / 自我接纳 活动目的： 通过心理教育与练习理解经验的不回避 / 接纳的含义。 活动内容 / 项目： （1）"静坐冥想"练习（45 分钟）。 （2）练习反馈以及家庭作业的反馈、回顾（5 分钟）。 （3）经验回避 / 接纳的心理教育（5 分钟）。 （4）"不"与"是"的练习①（5 分钟）。 （5）正念伸展运动 + 休息（10 分钟）。 （6）"有关困难的正念冥想"练习②（30 分钟）。 （7）情绪接纳的步骤③（5 分钟）。 （8）"三分钟呼吸空间"练习（5 分钟）。 （9）布置家庭作业，结束课程（5 分钟）。	（1）10 分钟正念呼吸练习，每周 6 天。 （2）听禅练习④。 （3）山禅练习。 （4）生活中的正念练习，如正念吃饭、正念洗澡、正念自拍，……每天至少 1 项。 （5）阅读"接纳"的隐喻教育材料《客房》（Rumi）《抑郁症的正念认知疗法（第二版）》，第 286 页。
4	自我慈悲冥想练习 活动目的： 通过心理教育与冥想练习领悟自我慈悲、友善的态度。 活动内容 / 项目： （1）10 分钟静坐冥想练习（10 分钟）。 （2）练习反馈以及家庭作业的反馈、回顾（10 分钟）。 （3）自我慈悲的心理教育（10 分钟）。 （4）自我慈悲冥想练习（20 分钟）。 （5）正念伸展 + 休息（10 分钟） （6）慈悲身体扫描⑤（20 分钟）。 （7）与他人的痛苦连接⑥（15 分钟）。 （8）宽恕练习⑦（10 分钟）。 （9）布置家庭作业 + 结束课程（5 分钟）。	（1）10 分钟正念呼吸练习，每周 6 天。 （2）慈悲冥想⑧。 （3）呼吸慈悲⑨。 （4）给自己写自悯信。 （5）放松、安抚、允许的慈悲练习⑩

---

①《心理治疗中的智慧与慈悲》：[美] 克里斯托弗·杰默（朱一峰译），中国轻工业出版社，2017，第 342 页。

② 引自《抑郁症的正念认知疗法（第二版）》，第 264 页，[加] 津德尔·西格尔，[英] 马克·威廉斯，[英] 约翰·蒂斯代尔 著，余红玉译，2017，世界图书出版公司。

③ 引自《接纳承诺疗法简明实操手册》：[澳] 罗斯·哈里斯（Russ Harris），译者：祝卓宏，张婍，曹慧，机械工业出版社，2016，第 180 页。

④《正念心理治疗师的必备技能》：Susan M. Pollak; Thomas Pedulla ; Ronald D. Siegel（李丽娟译），中国轻工业出版社，2017，第 70 页。

⑤ 同上，第 110 页。

⑥ 同上，第 122 页。

⑦ 同上，第 140 页。

⑧ 同上，第 108 页。

⑨《心理治疗中的智慧与慈悲》：[美] 克里斯托弗·杰默（朱一峰译），中国轻工业出版社，2017，第 123 页。

⑩ 同上，第 122 页。

续表

周次	正念教育活动	家庭作业
5	全然地活在当下 活动目的: 体验"全然地活在当下,体验有觉知的过程我"——正念自我活动内容 / 项目: (1)慈悲身体扫描①(20分钟)。 (2)家庭练习回顾(10分钟)。 (3)过程的你②(30分钟)。 (4)正念伸展运动+休息(10分钟)。 (5)介绍接触当下的简单方式③(5分钟)。 (6)"花园的隐喻"冥想练习④(15分钟)。 (7)整个课程的回顾、讨论、总结(15分钟)。 (8)发放问卷、结束课程(15分钟)。	(1)鼓励/建议正念生活化。 (2)鼓励、建议坚持每周进行2至3次正式的正念练习。

数据分析

基线 / 前测分析

剔除15名脱落被试的数据,最终有49名被试(对照组30名,实验组19名,其中男生11名,女生38名,平均年龄19.24±1.07)的数据纳入分析。首先,我们进行了基线分析:(1)针对两组被试的筛选量表SCL-90数据进行独立样本t检验,结果见表6-16。(2)针对两组被试前测的正念自我量表、认知情绪调节问卷、医院焦虑抑郁量表、中文简版正念量表数据进行独立样本t检验,结果见表6-17。

---

① 《正念心理治疗师的必备技能》: Susan M. Pollak; Thomas Pedulla ; Ronald D. Siegel(李丽娟译),中国轻工业出版社,2017,第110页。

② 引自《接纳承诺疗法简明实操手册》: [澳] 罗斯·哈里斯(Russ Harris),译者: 祝卓宏,张婳,曹慧,机械工业出版社,2016,第231页。

③ 同上,第221页。

④ 《正念心理治疗师的必备技能》: Susan M. Pollak; Thomas Pedulla ;Ronald D. Siegel(李丽娟译),中国轻工业出版社,2017,第144页。

表 6-16　实验组和对照组 SCL-90 各维度的独立样本 t 检验结果

SCL-90 因子	组别	人数	M ± SD	t	p
躯体化	实验组	19	1.37 ± .34	1.40	.17
	对照组	30	1.24 ± .22		
强迫	实验组	19	2.02 ± .55	1.64	.11
	对照组	30	1.78 ± .39		
人际敏感	实验组	19	1.70 ± .44	1.73	.09
	对照组	30	1.50 ± .38		
抑郁	实验组	19	1.57 ± .36	2.00*	.05
	对照组	30	1.30 ± .30		
焦虑	实验组	19	1.51 ± .34	1.50	.14
	对照组	30	1.37 ± .26		
敌对	实验组	19	1.42 ± .38	1.88	.08
	对照组	30	1.25 ± .17		
恐怖	实验组	19	1.49 ± .41	1.39	.17
	对照组	30	1.29 ± .27		
偏执	实验组	19	1.51 ± .43	1.39	.18
	对照组	30	1.36 ± .22		
精神病性	实验组	19	1.70 ± .50	2.52**	.02
	对照组	30	1.38 ± .27		
其他	实验组	19	1.67 ± .53	2.80**	.01
	对照组	30	1.29 ± .30		

从表 6-16 的结果来看，实验组和对照组在抑郁（$M_{实验组}=1.57$，$M_{对照组}=1.30$，$t=2.00$，$p=0.05$）、精神病性（$M_{实验组}=1.70$，$M_{对照组}=1.38$，$t=2.52$，$p=0.02$）和其他（$M_{实验组}=1.67$，$M_{对照组}=1.29$，$t=2.80$，$p=0.01$）三个因子的得分上存在差异，其他因子上的得分均无显著差异。同时表 6-16 的结果显示，虽然实验组和对照组在这三个因子上的得分存在差异，但实验组和对照组的各因子得分绝大多数都小于 2（只有实验组在强迫因子上的均分为 2.02）。因此，我们认为这个结果表明实验组和对照组被试均属于无差异的非临床被试群体。

表 6-17　实验组和对照组的前测变量独立样本 t 检验结果

前测变量	组别	样本容量	M±SD	t	p
正念自我	实验	19	3.97±0.61	-1.51	0.88
	控制	30	4.00±0.67		
自我洞察	实验	19	3.31±1.22	-0.05	0.96
	控制	30	3.33±1.20		
不执着	实验	19	4.30±1.06	-0.28	0.77
	控制	30	4.39±1.07		
自我慈悲	实验	19	5.03±1.35	0.65	0.54
	控制	30	4.80±1.23		
自我接纳	实验	19	3.57±1.18	-0.58	0.57
	控制	30	3.81±1.46		
焦虑	实验	19	2.81±0.23	0.71	0.48
	控制	30	2.76±0.24		
抑郁	实验	19	2.29±0.22	0.80	0.42
	控制	30	2.23±0.23		
自我责难	实验	19	3.28±0.64	-1.12	0.26
	控制	30	3.49±0.58		
接受	实验	19	3.35±0.67	-1.16	0.25
	控制	30	3.58±0.66		
沉思	实验	19	3.38±0.52	0.75	0.46
	控制	30	3.24±0.69		
积极重新关注	实验	19	3.42±0.89	0.14	0.89
	控制	30	3.38±0.94		
重新关注计划	实验	19	4.06±0.75	0.93	0.36
	控制	30	3.87±0.66		
重新积极评价	实验	19	3.78±0.97	-1.00	0.32
	控制	30	4.02±0.66		
理性分析	实验	19	3.05±0.82	-1.72	0.09
	控制	30	3.45±0.78		
灾难化	实验	19	2.10±0.93	0.16	0.87
	控制	30	2.06±0.72		
责难他人	实验	19	2.46±0.67	0.48	0.63
	控制	30	2.37±0.54		

续表

前测变量	组别	样本容量	M ± SD	t	p
FFMQ	实验	19	3.13 ± 0.44	0.36	0.72
	控制	30	3.07 ± 0.57		
观察	实验	19	3.48 ± 1.00	1.06	0.29
	控制	30	3.17 ± 1.00		
描述	实验	19	2.97 ± 0.88	0.32	0.75
	控制	30	2.90 ± 0.70		
有觉知的行动	实验	19	3.05 ± 0.72	0.20	0.84
	控制	30	3.00 ± 0.76		
不评判	实验	19	3.00 ± 0.66	−0.57	0.57
	控制	30	3.12 ± 0.80		
不反应	实验	19	3.15 ± 0.60	−0.13	0.89
	控制	30	3.18 ± 0.68		

表 6-17 的结果表明实验组和对照组在正念自我量表、认知情绪调节量表、FFMQ、焦虑 / 抑郁症状水平上均无显著差异。我们对实验组在干预训练期间和训练结束后的正念冥想练习情况进行了统计分析，结果见表 6-18。表 6-18 的结果显示，在干预训练期间，实验组正念冥想练习的平均时长为 3.92 小时 / 周。课程结束后，有 68% 的人员在坚持每周进行正念冥想练习，平均时长为 1.63 小时 / 周，练习时长明显减少。

表 6-18　干预训练期间与训练结束后的正念练习情况

	人数	百分比	每周练习时长均值（小时）	标准差（小时）	每周练习最低时长（小时）	每周练习最大时长（小时）
干预训练期间	19	100%	3.92	2.41	1	10
训练结束后的 6 周里	13	68%	1.63	1.58	0	5

干预训练效果分析

为评估正念自我干预训练的效果，我们针对正念自我量表、焦虑 / 抑郁症状水平、认知情绪调节问卷、五因素正念量表进行了重复测量方差分析。

正念自我的干预效应

表 6-19 和图 6-12、图 6-13 呈现了正念自我及其各维度的正念训练干预变化效应。从表 6-19 和图 6-12，6-13 可知，5 周正念干预训练后实验组与对照组的正念自我总分没有显著的时间主效应和组间主效应，也不存在显著的交互效应，但在不执着、自我慈悲、自我接纳三个维度上存在显著的时间主效应或组间主效应。

首先，在不执着维度上存在显著的时间主效应。进一步的多变量分析结果表明，实验组和对照组的不执着水平在第二次后测时存在显著差异（F（1，47）=8.39，偏 η^2=.15，p=.006）。对自我慈悲而言，不存在显著的时间效应，但存在显著的组间效应。进一步的多变量分析结果表明，实验组和对照组的自我慈悲水平在第一次和二次后测时均存在显著差异（$F_{第一次}$（1，47）=5.85，偏 η^2=.11，p=.02；$F_{第二次}$（1，47）=4.46，偏 η^2=0.09，p=.04）。这表明通过 5 周的正念干预训练能部分地提升个体的正念自我水平，且效果量达到中等程度。

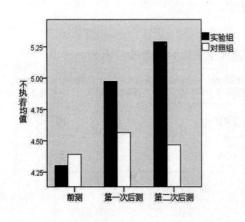

图 6-12　不执着的正念干预训练效应

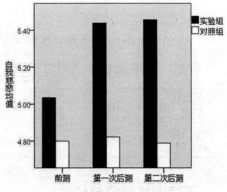

图 6-13　自我慈悲的正念干预训练效应

表6-19 正念自我的干预训练效应

因变量	组变量	实验前测	第一次后测	6周后的第二次后测	干预时间的主效应		实验分组的主效应	
		$M \pm SD$	$M \pm SD$	$M \pm SD$	F_a	偏 η^2	F_b	偏 η^2
正念自我总分	1	3.97 ± 0.61	4.00 ± 0.46	4.04 ± 0.56	0.06	.002	.003	.001
	2	4.00 ± 0.67	4.05 ± 0.58	3.98 ± 0.60				
自我洞察	1	3.32 ± 1.22	3.01 ± 0.96	2.75 ± 0.94	1.10	.02	1.98	.04
	2	3.33 ± 1.20	3.40 ± 1.09	3.43 ± 0.99				
不执着	1	4.30 ± 1.06	4.97 ± 0.99	5.29 ± 0.89	7.93**	.14	2.34	.05
	2	4.39 ± 1.07	4.56 ± 0.99	4.78 ± 1.04				
自我慈悲	1	5.04 ± 1.36	5.44 ± 0.87	5.46 ± 1.03	0.95	.02	4.16*	.04
	2	4.80 ± 1.24	4.82 ± 0.87	4.78 ± 1.11				
自我接纳	1	3.58 ± 1.19	2.91 ± 0.75	3.14 ± 1.07	3.80*	.08	2.50	.05
	2	3.81 ± 1.47	3.67 ± 1.07	3.46 ± 1.13				

注：组变量1–实验组，组变量2–对照组；* 表示 .05 的显著水平，** 表示 .01 的显著水平。

焦虑、抑郁症状的正念干预效应

表6-20呈现了5周训练前后实验组和对照组在焦虑、抑郁症状上的变化情况。该结果显示对焦虑症状而言，存在显著的训练时间主效应 [F（1，47）=7.83，偏 η^2=.14，$p<.001$]，但不存在实验分组的主效应。抑郁症状的训练时间主效应和分组主效应均不显著，也不存在显著的交互作用。进一步的多变量检验分析表明，与对照组相比，第一次后测 [F（1,47）=.64,$p>.05$,F（1,47）=3.49，$p>.05$] 与第二次后测的焦虑水平均无显著性的变化。这表明5周正念训练并没有显著地降低被试的焦虑与抑郁症状水平。

表6-20 焦虑、抑郁症状的正念干预效应

因变量	组变量	前测	第一次后测	6周后的第二次后测	干预时间的主效应		实验分组的主效应	
		$M \pm SD$	$M \pm SD$	$M \pm SD$	F_a	偏 η^2	F_b	偏 η^2
焦虑症状	1	2.81 ± .23	2.95 ± .18	2.95 ± .17	7.83**	.14	2.19	.05
	2	2.76 ± .24	2.90 ± .23	2.84 ± .19				
抑郁症状	1	2.29 ± .22	2.30 ± .22	2.29 ± .19	0.99	.02	0.00	.00
	2	2.23 ± .23	2.35 ± .34	2.29 ± .33				

注：分组1–实验组，分组2–对照组；** 表示 .01 的显著水平。

认知情绪调节策略的正念干预效应

表 6-21、图 6-14 和图 6-15 呈现了 5 周正念训练前后实验组和对照组在认知情绪调节能力策略上的变化情况。该结果显示 5 周正念训练仅显著地改变了自我责难（$M_{前测}$=3.29，$M_{后测}$=3.11，$F_{组间}$=4.31，$p<0.05$，偏 η^2=.08）、重新关注计划（$M_{前测}$=4.06，$M_{后测}$=4.18，$F_{组间}$=3.60，$p<0.05$，偏 η^2=.07）等部分认知情绪调节策略能力。进一步的多变量检验分析结果表明，在第一次后测时，相比对照组而言，实验组在灾难化策略上有显著降低（$F(1, 47)$=4.60，偏 η^2=.14，$p<.05$）。根据 Cohen 等学者提出的效果量的大小估计标准来看的话，这种变化幅度还比较大。

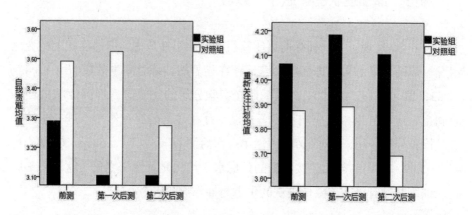

图 6-14　自我责难的正念干预训练效应　　图 6-15　重新关注计划的正念干预训练效应

表 6-21　认知情绪调节能力的变化

因变量	组变量	前测	第一次后测	6 周后的第二次后测	干预时间的主效应		实验分组的主效应	
		$M \pm SD$	$M \pm SD$	$M \pm SD$	F_a	偏 η^2	F_b	偏 η^2
自我责难	1	3.29 ± 0.65	3.10 ± 0.47	3.11 ± 0.69	2.06	0.04	4.31*	0.08
	2	3.10 ± 0.58	3.53 ± 0.48	3.27 ± 0.62				
接受	1	3.35 ± 0.67	3.61 ± 0.58	3.30 ± 0.69	5.82**	0.11	0.18	0.001
	2	3.58 ± 0.66	3.55 ± 0.49	3.31 ± 0.43				

续表

		前测	第一次后测	6 周后的第二次后测	干预时间的主效应		实验分组的主效应	
沉思	1	3.38 ± 0.52	3.13 ± 0.71	3.32 ± 0.75	0.96	0.02	0.26	0.001
	2	3.24 ± 0.69	3.25 ± 0.58	3.09 ± 0.57				
重新积极关注	1	3.42 ± 0.89	3.71 ± 0.59	3.74 ± 0.76	3.71*	0.07	0.17	0.001
	2	3.38 ± 0.94	3.57 ± 0.74	3.67 ± 0.74				
重新关注计划	1	4.06 ± 0.75	4.18 ± 0.55	4.10 ± 0.54	1.28	0.30	3.60*	0.07
	2	3.87 ± 0.66	3.89 ± 0.66	3.69 ± 0.62				
重新积极评价	1	3.79 ± 0.97	4.17 ± 0.66	4.09 ± 0.52	2.11	0.04	0.08	0.001
	2	4.02 ± 0.66	4.02 ± 0.64	3.86 ± 0.56				
理性分析	1	3.05 ± 0.83	3.57 ± 0.67	3.47 ± 0.62	1.41	0.03	0.001	0.001
	2	3.45 ± 0.78	3.33 ± 0.62	3.31 ± 0.92				
灾难化	1	2.11 ± 0.93	1.75 ± 0.61	1.95 ± 0.56	1.02	0.02	1.41	0.03
	2	2.06 ± 0.73	2.15 ± 0.65	2.25 ± 1.02				
责难他人	1	2.46 ± 0.67	2.83 ± 0.59	2.84 ± 0.55	7.24**	0.13	0.18	0.02
	2	2.37 ± 0.55	2.66 ± 0.58	2.60 ± 0.78				

注：分组 1– 实验组，分组 2– 对照组；* 表示 .05 的显著水平，** 表示 .01 的显著水平。

五因素正念水平的干预效应

表 6–22 和图 6–16 呈现了 5 周正念训练前后实验组和被试组在五因素正念量表的总分及各分量表上的变化情况。该结果显示，5 周正念训练能显著地并中等程度地提升被试的五因素正念的总体水平。这种提升具体表现在观察（$M_{前测}$=3.48，$M_{后测}$=3.84，$F_{组间}$=7.60，$p<0.01$，偏 η^2=.14）、描述（$M_{前测}$=2.97，$M_{后测}$=3.62，$F_{时间}$=8.07，$p<0.01$，偏 η^2=.15）、不反应（$M_{前测}$=3.18，$M_{后测}$=3.36，$F_{组间}$=7.18，$p<0.01$，偏 η^2=.13）三个维度上，且有着中等程度大小的效果量。但在非评判、有觉知的行动两个维度上的变化没有统计学的显著差异。（见图 6–17，图 6–18，图 6–19）

正念训练对正念自我的预测

为检验正念训练对正念自我的预测，我们分别对两次后测的数据进行了线性回归分析。在这两组数据的回归分析中，我们又分别以正念自我总分为因变量，以五因素正念总分以及以五因素的 5 个维度分别为自变量进行了两次"enter"法回归分析，结果见表 6-23。

表 6-22　五因素正念的干预效果

因变量	组变量	$M \pm SD$	第一次后测 $M \pm SD$	6 周后的第二次后测 $M \pm SD$	干预时间的主效应 F_a	偏 η^2	实验分组的主效应 F_b	偏 η^2
五因素正念总分	1	3.12 ± 0.44	3.35 ± 0.33	3.42 ± 0.40	5.55**	0.11	1.60	0.03
	2	3.07 ± 0.57	3.24 ± 0.46	3.12 ± 0.51				
观察	1	3.48 ± 1.00	3.84 ± 0.66	4.04 ± 0.87	3.70*	0.07	7.60**	0.14
	2	3.17 ± 1.00	3.39 ± 0.68	3.14 ± 0.66				
描述	1	2.97 ± 0.88	3.30 ± 0.87	3.62 ± 0.77	8.07**	0.15	1.86	0.04
	2	2.90 ± 0.70	3.10 ± 0.69	3.08 ± 0.85				
有觉知的行动	1	3.05 ± 0.73	3.09 ± 0.77	2.62 ± 0.40	2.35	0.05	0.32	0.01
	2	3.00 ± 0.66	2.98 ± 0.57	3.05 ± 0.78				
非评判	1	3.12 ± 0.80	3.34 ± 0.57	3.06 ± 0.69	0.52	0.01	1.35	0.03
	2	3.12 ± 0.66	3.89 ± 0.66	3.16 ± 0.75				
不反应	1	3.15 ± 0.61	3.51 ± 0.61	3.74 ± 0.42	7.18**	0.13	2.49	0.05
	2	3.18 ± 0.68	3.36 ± 0.53	3.17 ± 0.64				

注：分组 1- 实验组，分组 2- 对照组；* 表示 0.05 的显著水平，** 表示 0.01 的显著水平。

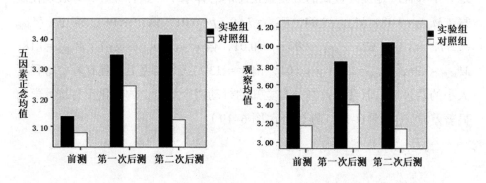

图 6-16　五因素正念的干预训练效应　　　　图 6-17　观察的正念干预效应

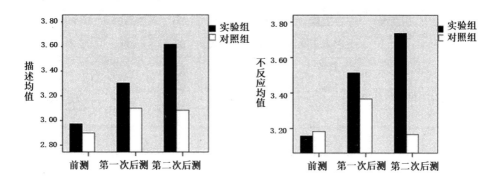

图 6-18　描述的正念干预训练效果　　　　图 6-19　不反应的正念干预训练效果

表 6-23 的结果显示，利用第一次后测数据进行的回归分析结果不显著，这表明在 5 周正念干预训练结束时，被试总体的五因素水平以及 5 个分维度对正念自我水平都没有预测效应。但是这种预测效应在正念训练结束 6 周后的第二次后测中得到了验证。同时，该结果显示正念对正念自我有显著的预测作用（β=.33，t =2.40，$p<0.05$，调整后的 R^2=.09），具体表现在正念五因素的描述（β=.39，t =2.56，p=0.01）、有觉知的行动（β=.49，t=2.96，p=0.01）、不反应（β=.63，t =2.97，$p<0.01$）三个维度对正念自我的变化有显著的影响，尤其是有觉知的行动这个维度能在总体上解释正念自我 30% 的变异。

表 6-23　五因素正念对正念自我的回归分析

	因变量	自变量	标准化 β	t	Sig	调整后的 R^2	F	Sig
第一次后测数据	正念自我	五因素正念	.15	1.01	.32	.001	1.01	.32
		观察	−.19	−1.13	.26	.06	1.61	.18
		描述	−.15	−0.94	.34			
		有觉知的行动	.13	0.87	.38			
		非评判	.15	0.88	.38			
		不反应	.31	1.78	.08			

	因变量	自变量	标准化 β	t	Sig	调整后的 R^2	F	Sig
第二次后测数据	正念自我	五因素正念	.33	2.40	.02	.09	5.77	.02
		观察	.04	0.24	.81			
		描述	.39	2.56	.01			
		有觉知的行动	.49	2.96	.005	.30	5.12	.001
		非评判	−.08	−0.45	.65			
		不反应	.63	2.97	.005			

讨 论

本章进行了为期5周的正念自我干预实验研究。重复方差分析的结果表明：（1）5周正念干预训练能一定程度地提升实验组被试的正念自我，主要表现在提升了被试的不执着水平和自我慈悲水平。（2）5周的正念干预训练能显著地提升实验组被试的五因素正念总体水平并主要表现在观察、描述、不反应三个分维度上。（3）5周的正念干预训练能提升实验组部分的认知情绪调节策略，具体表现在降低了自我责难性、提升了接纳性与重新关注计划等几个认知情绪调节策略。（4）5周正念干预训练未能显著降低被试的焦虑、抑郁水平。（5）五因素正念水平对正念自我有显著的预测作用。

正念训练对正念自我的提升

该实验结果表明5周的正念干预训练能在一定程度上有效提升实验组的正念自我水平。同时，该结果表明5周的正念干预训练对正念自我的总体提升不如对正念水平的总体提升显著，其可能主要原因之一是自我知识与自我态度的改变本身是比较困难的。尽管已有研究认为对当下保持良好的正念觉知能帮助个体客服获取自我知识的信息障碍，而非判断的观察能有助于克服个体获取自我知识的动机障碍，如降低自我防御性（Carlson，2013），然而准确的自我知识本身是难以获得的（Wilson，2009）。这有可能与人们习惯性的动机性限制（如自我防御）（Vazire，2010）和认知性限制（如缺乏自我意识）（Wilson & Dunn，2004）等因素有关。有研究表明在面对不同于个体固有的新的态度时，人们习惯于把新的视为不足为信的或存在缺陷的（Howe & Krosnick，2017）。这与本研究的结果是相一致的，本实验的结果显示 5 周的正念训练并未显著提升反映自我知识的自我洞察水平。这提示今后的正念自我干预训练要强化对自我的觉知训练以促进自我知识的提升或转变。

尽管该研究结果表明 5 周的正念干预训练只是部分地（仅在不执着、自我慈悲两个维度）促进了正念自我的改变，但这并不能否定正念训练对自我的积极影响。出现这个"不完美的"结果还可能与正念自我的外显自评测量方式有关。因为已有不少研究表明正念训练对自我态度或自我概念的改变往往是发生在内隐层面的（Crescentini & Capurso，2015a；Levesque & Brown，2007b），如有研究发现与思维抑制组被试相比而言，正念组的外显性经验回避水平（使用的 AAQ II 量表）并没有显著的变化，但是在内隐的经验回避水平上有显著的降低（使用的是由 Barnes-Holmes 2006 年开发的内隐关系评估程序）（2010）。另外，就正念自我的自我接纳维度的变化而言，尽管重复测量方差分析的结果显示存在干预时间上的主效应，但进一步的多变量检验结果显示这种差异发生在第一次后测中，即 5 周正念训练刚结束时，且实验组的自我接纳（经验回避）水平有显著的降低 [$F(1，47)=7.54$，偏 $\eta^2=0.11$，$p<.001$]，但在第二次后测时（即训练结束的 6 周后）实验组的自我接纳水平与对照组相比没有显著差异 [$F(1，47)=1.01$，$p>.05$]。出现这一结果的可能原因是在 5 周的训练期间，尤其是在第三周和第四周的正念训练中涉及对个体负性或痛苦性的经验的主动觉知与接纳训练，鼓励被试带着友善与慈悲的态度去觉知、观察与体验曾经经历过的困难事件，让被试允许/容忍不愉悦的情绪体验以及相应的痛苦感受的出现。这种训练肯定会唤起个体对过去的一系列的负面生活事件乃至心理创伤的再次回忆与体验。这可能是导致他们在训练结束时出现较低的自我接纳的主要原因。然而，对那些过去的不愉悦的经验进行充满友善、不执着的觉知与体验是具有积极的治疗意义的。从本研究的结果来看，尽管实验组在训练结束时报告了较低水平的自我接纳（即报告了较高水平的经验逃避），但他们并没有表现出更高的焦虑症状 [$F(1，47)=0.64$，$p>.05$] 和抑郁症状 [$F(1，47)=0.28$，$p>.05$]。相反，这样的训练显著地提升了实验组被试的自我慈悲水平，让被试学会了自我关怀。这与已有的相关研究是一致的。Seligowski（2014）等的研究发现自我慈悲能显著地解释创伤应激障碍患者的心理僵化程度（使用的 AAQ II 量表），并认为提升自我慈悲在创伤暴露干预治疗中具有重要的临床意义。

正念训练对正念、认知情绪调节能力、心理症状水平的改变

相比对照组而言，该研究表明 5 周的正念训练能显著地提升实验组整体的正念水平，并具体的表现在观察、描述、不反应等分维度上，但在有觉知的行动和非评判两个维度上并没有显著的提升。同时，该研究结果表明 5 周的正念训练能部分地转变实验组被试的认知情绪调节能力，但对焦虑／抑郁症状水平并没有显著地降低。这些结果与已有的大量研究总体上是一致的。大量研究表明不同时长的短期正念冥想训练（3 至 6 周不等）能整体或部分地提升实验组的正念水平，但这些研究往往使用了不同的正念测量工具。如在 Nyklíček 等（2012）针对冠状动脉再造患者进行的为期 3 周正念干预研究中，采用的是由 14 个题项组成的单维正念量表——弗莱堡正念调查问卷，其研究表明 3 周的正念干预训练能显著地提升实验组的正念水平，并能提升他们的心理、社会生活质量，但只是降低了 60 岁以下的患者的焦虑／抑郁水平。Cathcart 等在针对慢性紧张性头痛患者进行的为期 3 周 6 次的正念干预治疗中采用了五因素正念量表进行正念的测评，其结果表明相比线下控制组而言，实验组仅在五因素正念量表的观察维度有显著提升，同时显著地降低患者头痛的频率，但是实验组的压力、焦虑、抑郁水平并没有显著的降低（Cathcart et al., 2014）。实验组的焦虑、抑郁水平之所以没有显著地降低，是因为研究者排除了高焦虑／抑郁的头痛患者。这与本研究的结果具有相似性。一方面，本研究的结果表明 5 周的正念冥想训练在五因素正念的总体水平上具有显著的时间主效应（见表 6-22），进一步的多变量检验分析表明，在第二次后测时，相比对照组而言，实验组整体的正念水平具有显著的提升 $[F（1，47）= 4.45，偏 \eta^2=0.02，p<.05]$。就 5 个分维度而言，表 6-22 的结果和进一步的多变量检验分析结果表明相比对照组，实验组在观察维

度存在显著的时间主效应以及组间主效应；多变量检验分析的结果表明描述维度、不反应维度在第二次后测时都有显著的提升 [$F_{描述}$（1，47）=4.96，偏 η^2=.02，$p<.05$，$F_{不反应}$（1，47）=11.77，偏 η^2=.02，$p<.05$]；而实验组的非评判水平、有觉知的行动水平则没有显著的提升。另一方面，本研究的结果表明相对对照组而言，5 周的正念训练并没有显著地降低他们的焦虑抑郁水平，其主要原因是在本研究中我们通过 SCL-90 量表排除了焦虑 / 抑郁水平高于 3 分以上的被试。也就是说本研究中的实验被试属于非临床被试群体，他们的焦虑抑郁水平本身就处于正常范围之间，不会再有显著的降低。再者，由前面的分析可知，对实验组的被试而言，在训练中有两周的训练涉及对他们曾经的痛苦经历的探索。这可能会潜在地增加被试的负面情绪体验，尤其是焦虑水平（Ayazi et al.，2014），然而本研究后测的结果显示他们的焦虑抑郁水平并没有显著增加，这说明正念训练中的一些策略，如"不把想法当事实""允许想法和情绪像云朵 / 流水一样地自由流动"等认知去融合策略起到了积极作用有关。也就是说，对实验组被试而言，他们的焦虑、抑郁水平没有显著上升就说明基于正念的自我探索是"安全而有效的"。

另外，已有研究表明正念训练能显著地提升个体外显性与内隐性的情绪调节能力（Remmers et al.，2016），即使是简短的正念操控也能降低新手（没有正念冥想练习经验）的负面情绪反应（Roemer et al.，2015）。Teper（2013）等基于脑电实验研究发现正念冥想对情绪的调节可能与冥想练习者对当下的负性情绪及早采取开放和接纳的态度有关，促进了对负面情绪的向下调节策略。Heppner（2015）等的研究则发现正念冥想的情绪调节作用与负面自我参照加工过程的降低以及情绪复原力的提升过程有关。这些研究主要关注了正念训练或正念特质对情绪过程的调节与影响，而情绪调节还涉及对有关情绪表达与体验的认知策略的改变。因此本研究主要探讨了正念训练对认知情绪调节策略的改变，结果显示 5 周的正念训练在自我责难（偏 η^2=.04）、重新关注计划（偏 η^2=.07）两个策略上有显著的变化。该结果可能与正念冥想本身的基本理念有关。正念冥想强调的是对当下给予非评判的、友善接纳的觉知与注意，而不是强调理性分析、沉思、积极评价，因而正念训练可能不会对这些情绪调节策略产生直接的显著影响，但能显著地促进自我责难、重新关注计划策略。这与已有相关研究的结果是一致的。如 Curtiss（2017）等的研究发现五因素正念的不反应能显著地通过"重新评估"策略调节正念观察与焦虑情绪障碍之间的关系。本研究进一步的回归分析也表明五因素正念量表的不反应（标准化的 β=.50，p<.001，调整的 R^2=.23）以及正念自我量表的不执着（标准化的 β=.39，p<.001，调整的 R^2=.34）对重新关注计划这一认知情绪调节策略有显著的预测作用。但本研究没有发现这些因素对焦虑抑郁的调节与预测关系，其主要原因仍然可能与本研究的非临床被试群体的选择有关。

正念训练对正念自我的预测

尽管第四章基于测量学数据的分析结果表明正念与正念自我之间有着重要而显著的关系，但缺乏实验数据的直接支持，本章基于直接的实证干预研究结果（见表 6-5 和 6-9）验证了正念干预训练以及正念对正念自我的积极促进与转变关系。结合第四章的结果——正念自我在自我发展、心理健康（幸福感）之间有着重要的中介与调节作用——来看，我们认为本研究的结果足以表明正念自我在正念促进个体心理成长或心理治疗中有着重要的"中介"作用的假设，而且我们认为正念自我是正念产生治疗效应的诸多作用机制中的先导性因素。因为自我认知与态度对人们的信息加工、行为都有重要的影响（Ajzen et al.，1982）。事实上，在正念减压训练以及正念认知行为治疗过程中，研究者都强调了自我态度的重要性，如卡巴金（2009）强调无为、顺其自然、放下、耐心、初心等。这些态度是正念产生积极效应的重要机制，也被认为是构成正念的重要因素，如 Shapiro（2006）等曾提出了正念的三要素模型：意图（intention）、注意（attention）、态度（attitude）以理解正念的作用机制。这些正念自我态度在正念的干预训练中之所以能产生积极的治疗作用，是因为这些态度有助于经验的定向与接纳，而不是回避或反抗。

结　论

（1）5周正念冥想练习能显著地提升非临床被试的正念水平。

（2）5周正念冥想练习能部分地提升实验组被试的不执着、自我慈悲等正念自我品质，且效果显著。

（3）5周正念冥想练习能部分地促进实验组被试的自我责难、灾难化等认知情绪调节策略的积极转变，且效果显著。

第七章

正念自我与无我

第一节　正念自我与无我

一、无我与开悟

在第一章佛家的自我观的章节里，我们对无我的内涵进行了阐述。无我不是对个体世俗意义的心理功能的否定，而是基于"缘起性空"的哲学逻辑起点来揭示"诸法无我""诸行无常"之理，揭示五蕴自我的无常性，是针对"我执"而提出来的。佛陀认为人类之所以有无穷无尽的烦恼与痛苦，其根源在于"我执"。"我"是世界上所有麻烦的根源，从个人冲突到国家之间的战争。世间一切恶行，皆可追根究底到这个"我"。要解脱苦海，最根本的办法就是破"我执"。让人们理解自我是一种虚妄的信念，没有相应的实相，它会产生'我'和'我的'的一些有害的思想、自私的欲望、贪爱、执着、嗔恨、邪恶……意志、自负、骄傲、自私和其他的烦恼问题。告诫人们不要执着于构成人的身心现象的五蕴。因为从根本上来讲，佛学认为"五蕴皆空"。我们应如《心经》所示："照见五蕴皆空，就能度一切苦厄"。也不要执着于你的过去、现在与将来。因为在佛陀看来"过去心不可得，未来心不可得，现在心不可得"。唯有明心见性地、不执着地活在每个刹那，无念、无相又无住。可见，无我的核心内涵之一是不执着。从心理学视角来理解的话，无我实践意味着通过正念或"八正道""去自我中心""去自我认同""去（认知）的二元对立性""去无明性"的过程，是找到平等、慈悲、清明的真实自我，达到开悟的过程。

开悟，是佛学里面一个非常重要但难以定义的概念。一些学者认为开悟就是彻底打破了主客二元对立的认知，证得了世界一元空性的真理（贾题韬，1990a，1990b）。一般而言，开悟有解悟（认知层面）和证悟（具身层面）两个层面。开悟不仅仅意味着个体的认知思维方法发生了空前的质变，往往还伴随着一些特殊而美妙的情感体验。近代著名高僧太虚大师自述他在第一次开悟时有这样的体验："忽然感到自己的身心世界顿时变成一片空寂。在这一刹那间，他感觉不到自己和万物世界的对待，但是又没有失去知觉；转瞬之间又觉得空寂之中有无限光明，世界万物如同凌空影像一般清楚地呈现出来。这种状态持续了大约两个小时，起座之后感到非常的轻快和舒适，而且在以后的二三十天当中都有这样的快感。"① 日本禅学大家铃木大拙也曾有类似的对开悟的体验："你的整个心灵现在都将以一种不同的格调活动，这比你以往所经历的任何东西都更使你满足、和平和充满快乐。生活的格调将得到改变。在禅中有着使生命更新的东西。春花更美，山溪更为清澈。"（铃木大拙，2012）。

可见，所谓开悟主要是指对"无我、无常"的深刻洞察。用现代心理学的术语来表述的话，叫具身领悟（embodied insight）。通过自身的亲身体会与实践深刻的领悟并真切地感知到了超越二元对立的认知观、一切身心的无常生灭性以及本性无染的光明。其本质上是一种心理状态的转换、心灵境界的升华过程，它有意义的整体性，不可细分，而是一悟彻悟，在时间上往往是突现的，是瞬时完成的（孙延军，2001），即"顿悟"。但是这种顿悟不同于现代格式塔心理学派的"顿悟"，格式塔的"顿悟"是关于具体问题解决的一种完形的觉知、领悟。禅之顿悟是以体悟的方式而实现的心理生活状态的升华与转换。

二、正念自我与无我

首先，我们认为正念自我是从自我到无我探索的"心理学化"过程，且是一个充满风险与挑战的自我发展与心理成熟的过程。然而，尽管这个过程充满风险与挑战，但是我们认为基于现代科学主义（而非基于纯粹的传统经验主义）视角下的这种探索是充满希望的、相对安全且有高"收益"的。一

---

① 引自：邢东风（1996）太虚大师的开悟经验.佛学研究（00），171–175。

方面，现代较为先进而多样化的科学技术手段能更好地帮助我们去检验这个探索过程的科学性与有效性。另一方面，不同学科的学者可以精诚合作，从生理（医学）、大脑、心理、心灵（精神性）等多学科、多视角来综合性地深化对这个过程的科学认识，这样就为这个探索过程提供了可靠性和保障性。

　　基于自我发展的理论框架把这个过程视为基于正念觉知的自我发展过程，是自我知识与自我态度的积极转变过程，其本质上也是对自我的积极解构与重构的过程，最后（有可能）达到对无我的开悟。由于正念自我是基于对二元实体自我观和无我自我观的整合性"结果"，这就为理解与探索"自我"到"无我"搭建了"桥梁"，提供了心理路径。因此，在一定程度上来讲，正念自我既是对这个过程的心理学描述与解释，又可在一定程度上视为是对"无我"的操作性定义。对于自我、正念自我、无我三者的关系，从自我发展的角度来讲，我们可以用下图 7-1 来清晰地表示。这既避免了对"无我"抽象而空洞的理解，也避免了因对"无我"消极而错误的理解而导致对自我功能损毁的风险。根据前面的阐释，无我的证悟过程主要是"去我执"的过程，是通过正念冥想或"八正道""去自我中心化""去自我认同""去二元对立性认知""去无明化"的过程，而达到开悟觉醒的过程。而这一过程与"正念自我"的内涵是完全相契合的。

图 7-1　自我、正念自我、无我关系图

　　根据前面的理论建构与实证验证，我们把正念自我视为一个充满正念觉知和正念态度的动态自我过程，是一种"有我在，无我执"的状态，包含四个基本要素：（1）基于正念觉知的自我洞察，涉及对自我经验的觉知及其无常性、非二元对立性的认知领悟；（2）自我接纳涉及以一种"去融合"或者"退后一步（与自我经验保持一定的距离）"的方式去面对自我经验的意愿与动机以及允许自我经验顺其自然地出现、发展与变化的能力；（3）不执着涉及的是这样的态度与认知行为方式：以"静定不惊""顺其自然"的方式对待自我经验；（4）自我慈悲指的是一种基于普遍人性视角的自我关怀，涉及的是一种温暖的自我态度与情感，培育一种大慈大悲、平等的智慧心。可见，正念自我的四个维度较好地诠释了无我的内涵，并具有修行的可操作性。这种可操作性体现在我们可以通过正念冥想练习或其他的心理学练习方法提升对自我的非评判的觉察力，减低个体的自我中心主义倾向以及对自我概念、自我拥有物的过度认同、过度执着，提高人们的自我接纳能力，培育人人平等、顺其自然的人生哲学态度和为人处世的方式。这至少在理论上来讲是可行的。即是说，从自我到无我，以"正念自我为师"在理论上是可行的。

三、正念自我的"BCD 实践模型"

上述内容基于自我发展理论视角讨论了正念自我与无我的关系，从理论上论述了从自我到无我的可能性，这种理论层面的可能性如何在现实层面实现？基于正念自我的内涵、正念的监控接纳理论（Monitor and Acceptance Theory，MAT）以及大乘佛教与人间佛学的"悲智双修"理念精神提出正念自我的"BCD 实践模型"，如图 7-2 所示。

正念自我的"BCD 实践模型"是对正念自我实践修行的理论提炼和理论指导原则。其中的 BCD 分别是 Being——存在、Compassion——慈悲、Doing——行动的英文表达的首写字母。"Being——存在"强调充满正念觉知地活在当下，但这种活在当下并不是一种消极的避世或逃避心态，也不是自私自利以自我为中心的状态，是对自我无常本性的深刻领悟的自我态度；这种存在是一种包含物质性的，又包含精神性的，既有主观性的，又有客观性的"自为存在"（being-for-itself）（Sartre，1946）或者"在世存在"（being-in-the-world）。"Doing——行动"强调的是作为世俗之人类，我们还得有所为，但这种作为是以"Being——存在"为前提，"Compassion——慈悲"为指引的有觉知的作为。佛教哲学的慈悲观主要包括了"无我平等""同体大悲"（方立天，2004；彭彦琴，沈建丹，2012）和"喜舍同乐"等基本内涵。它是建立在对"无我""人生而是苦"等普遍人性深刻洞察的基础上发展出来的"济世之道",很好地体现了自利利他、同悲共乐的积极而平等的人本思想。正念自我"BCD实践模型"的B、C、D三者相互联系、互为一体。Doing或者更准确的表述是Just Doing,是在Being和Compassion的"自然指领"下的利己利他、自渡渡他的有觉知的作为。于个人而言,这种作为不会把过度地追求奢靡的物质生活作为目标,因为他们深知人本质上是一种短暂的存在,不会以物累身、累心。同时,拥有高水平正念觉知的个体还能平等地看待自己和他人,平等地看待自己和他人所具有的共同人性。因此,他们在生活中更能共情地、慈悲友善地对待自己和他人。即在他们的所作所为中充满着慈悲精神。总之,我认为正念自我的BCD实践模型为从自我到无我的觉醒或觉悟提供了现实的可行性。

图7-2　正念自我的实践模型

第二节　正念自我的实践与理论反思

本书分别从理论建构和实证检验两个方面就正念自我的内涵进行了深入而较为系统的阐释和检验，提出了正念自我是一种"有我在无我执"的自我状态，并从自我发展理论提出了自我发展还存在一个从自我向无我的发展向度，拓展了自我发展理论。同时，本文还基于心理学视角论述了从自我到无我的理论可能性和实践可行性。然而，不得不承认，这种理论探索在很多方面还是初步的，不够成熟的。

一、理论建构方面的反思与展望

本书对正念自我的阐释还只是框架性的、概要性的，对正念自我内涵的深化理解有赖于更多的实证研究作为基础。但在一个新概念提出之初，这种框架性的、概要性的阐释似乎是客观而无法避免的，对它的检验与论证需要后续大量而直接的实证研究数据来加以支撑。因此，我们希望今后有更多的研究者会感兴趣于该问题，并围绕正念自我这个主题开展一系列的研究。其中，我们认为如下两个问题在今后的研究中应该给予优先关注：（1）正念自我的描述与测量问题。无疑，这是一个基本问题，事实上也是一个难点问题。正念自我强调的是一种动态的过程取向的自我观，强调即时的正念觉知在和谐统摄多维的自我系统中的核心作用，而有研究和禅修实践表明这种正念觉知在持续的练习或禅修过程中是存在质的变化的，这种变化会通过对个体已有的重复性的、习惯性的思维与反应模式的不断消融或解构，拓展与升华正念冥想练习者对自我的洞察（Siegel，2009）。也就意味着自我洞察的内容与功能在正念自我的不断发展过程中是存在质的渐进变化的。这就增加了正念自我的测量难度。因此，如何更为准确和深入地描述与测量正念自我的内涵是今后值得重点关注的一个基本问题；（2）虽然本研究的初步研究结果表明正念自我可以作为一个相对独立的、区别于特质性正念的概念，这需要得到更多、更直接的实验研究支持。比如是否能在认知神经层面（脑结构与功能两个层面）找到存在相对独立的神经相关物（或神经功能网络），这也是一个值得优先给予关注的研究问题。在这方面，国内外已有研究者开展了一些研究，如 Han（2010）等针对佛教僧人的一项研究在神经影像层面观察到了佛教僧人对自我相关刺激的神经编码的弱化现象。他们发现自我特质判断任务并没有增加佛教僧人腹内侧前额皮层（VMPFC）的激活，但是增加了背内侧前额叶皮层（DMPFC）和前喙扣带回 ACC、左侧前额叶 / 脑岛皮层的激活。该结果表明长时间的正念冥想练习能弱化自我参照加工模式。因此，今后的研究要进一步加大这方面的研究，从而为正念自我提供更多、更有力的实验证据。

二、实证研究方面的反思与展望

本研究在正念自我的测量学研究上的不足主要表现在被试的抽样方面。由于一些现实原因，该研究采用的是方便抽样，不是严格意义的随机抽样，这导致了两个问题：一个是被试的性别比例不均衡，总体上女性远多于男性；二是被试群体比较单一，大部分被试为国内不同地区不同层次高校的大学生。尽管抽样存在性别的不平衡性，但我们认为这不会对本研究结果造成显著的偏差，因为我们的研究重点不在于正念或正念自我的性别差异的比较研究，而是为了检验正念自我本身的一些基本特点与假设。另一个与之相关的现实问题是由于国内对正念冥想的科学研究起步较晚，难以找到足够数量的正念冥想练习者来参与调查研究。由于没有抽选到足够数量（符合统计学原理所要求的数量）的具有正念冥想练习经验的被试，所以在本研究中我们没有进行相应的对比分析研究。

关于正念自我的干预研究的不足已在前面部分进行了相应的讨论。在这里我们主要谈一下展望。为期 5 周的正念干预训练结果表明并未能全面地促进个体正念自我品质的显著提升或改变。除了上述所分析的可能原因外，这也可能提示我们在今后需要研发专门针对促进正念自我认知与自我态度改变的正念干预训练方案或课程。这样的研究探索是重要而有价值的，因为本书的研究结果已初步表明不执着、自我慈悲等正念自我态度比正念对某些群体比如脆弱性自恋群体有着更积极的作用，这些态度能帮助个体减少自我羞耻感、自我批判以及负面的自我感觉（Leary et al., 2007）。除此之外，今后要开展正念自我的临床干预研究，进一步检验正念自我对临床治疗的价值与功效。

三、正念自我量表的科学有效性问题

首先，从该量表的 4 个维度及其题项内容来看，我们认为该量表的 15 个题项较好地体现了富有正念意涵的自我认知和自我态度。然而，不得不承认正念自我的量表编制问题是本研究的难点，也存在较大的不足。

虽然总体而言，4 个维度较好地反映了正念自我的内涵，也内隐地体现了对自我经验的关联变化性、平等性、（痛苦的）普遍性等性质的理解。从该量表与相关量表的关系来看，正念自我量表可以说是对多个单一相关量表如不执着量表、自我洞察量表、青少年经验回避量表的整合。这种整合大幅度减少了量表的题项数量，但是却显著地提升了量表对心理健康的增值效度，因此这种整合为探讨正念的作用机制提供了一个简明而有效的测评工具。另外，跨群组的结构拟合结果表明该量表既适用于正念冥想练习者群体，也适用于非正冥想练习群体。然而，该量表最大的不足在于自我洞察维度的题项设计或内容效度问题。由于自我洞察的内涵难以直接描述和测评，故而在目前的这个量表中，该维度的题项全是反向计分的题目，试图从反面或否定的角度来测量自我洞察，这是存在不足的，有待后续研究修订完善。

四、正念自我干预训练的延迟效应问题

第六章基于非临床被试群体设计了为期 5 周的正念干预随机控制实验以

检验正念训练对正念自我的效应，其结果基本上支持了相关的假设。同时，本研究结果还发现正念干预练习的延后效应。本研究的结果表明在训练结束的 6 周后，实验组被试的不执着态度以及正念的描述、不反应等维度才出现显著提升。这一方面可能与结束后仍有 68% 的被试在坚持每周进行正念练习有关。另一方面也反映了正念练习可能存在潜在的延后效应。有研究表明针对非临床被试群体实施的为期 5 周的正念减压训练在 4 年后仍对他们的心理幸福感有显著的积极影响，而且这种影响似乎与后期的持续练习效果不相关，其质性分析结果表明这种效果可能与接纳、自我关怀的态度、自我成长等因素密切有关（Mitchell & Heads，2015a）。这也在一定程度上从另一个角度反映了正念自我认知与正念自我态度比正念本身对个体有着更为持久而积极的影响。

参考文献

Ajzen, I., & Cote, N. G. (2008). Attitudes and the prediction of behavior.

Ajzen, I., Timko, C., & White, J. B. (1982). Self-monitoring and the attitude–behavior relation. Journal of Personality & Social Psychology, 42(3)(42), 426-435.

Alain. (2011). Self - Awareness Part 1: Definition, Measures, Effects, Functions, and Antecedents. Social & Personality Psychology Compass, 5(10), 807-823.

Albarracín, D., Zanna, M. P., Johnson, B. T., & Kumkale, G. T. (2005). Attitudes: Introduction and Scope.

Almaas, A. H. (1996). The Point of Existence.

Ames, D. R., & Kammrath, L. K. (2004). Mind-Reading and Metacognition: Narcissism, not Actual Competence, Predicts Self-Estimated Ability. Journal of Nonverbal Behavior, 28(3), 187-209.

Amodio, D. M., & Frith, C. D. (2006). Meeting of minds: the medial frontal cortex and social cognition. Nature Reviews Neuroscience, 7(4), 268-277.

Analayo. (2004). Satipatthana: The Direct Path to Realization.

Aronson, H. B. (1998). Review: Psychotherapy and Buddhism: Toward an Integration.

Austin, J. H. (2014). The Meditative Approach to Awaken Selfless Insight-Wisdom. Springer International Publishing.

Avants, S. K., & Margolin, A. (2004). Development of Spiritual Self-Schema (3-S) Therapy for the Treatment of Addictive and HIV Risk Behavior: A Convergence of Cognitive and Buddhist Psychology. Journal of Psychotherapy integration, 14(3), 253-289.

Awata, S., Bech, P., Yoshida, S., Hirai, M., Suzuki, S., Yamashita, M., Ohara, A., Hinokio, Y., Matsuoka, H., & Oka, Y. (2007). Reliability and validity of the Japanese version of the World Health Organization-Five Well-Being Index in the context of detecting depression in diabetic patients. Psychiatry & Clinical

Neurosciences, 61(1), 112.

Ayazi, T., Lien, L., Eide, A., Swartz, L., & Hauff, E. (2014). Association between exposure to traumatic events and anxiety disorders in a post-conflict setting: a cross-sectional community study in South Sudan. BMC Psychiatry, 14(1), 6.

Azechi, H., Miyanaga, N., Stapf, R. O., Takabe, H., Nishiguchi, A., Unemoto, M., Shimada, Y., Yamanaka, M., Yamanaka, T., & Nakai, S. (2014). Validation of the Spanish versions of the long (26 items) and short (12 items) forms of the Self-Compassion Scale (SCS). Health and Quality of Life Outcomes, 12(1), 4.

Baer, R. (2015). Ethics, Values, Virtues, and Character Strengths in Mindfulness-Based Interventions: a Psychological Science Perspective. Mindfulness, 6(4), 956-969. https://doi.org/10.1007/s12671-015-0419-2

Baer, R. A. (2003). Mindfulness training as a clinical intervention: A conceptual and empirical review. Clinical psychology: Science and practice, 10(2), 125-143.

Baer, R. A., Smith, G. T., Hopkins, J., Krietemeyer, J., & Toney, L. (2006). Using Self-Report Assessment Methods to Explore Facets of Mindfulness. Assessment, 13(1), 27-45.

Bagozzi, R. P., & Yi, Y. (1988). On the evaluation of structural equation models. Journal of the Academy of Marketing Science, 16(1), 74-94.

Baker, D. G., Lerman, I., Espejo, E. P., & Mclay, R. (2015). Treatments for Post-traumatic Stress Disorder: Pharmaceutical and Electrophysiologic Considerations. Current Treatment Options in Psychiatry, 2(1), 73-85.

Barnes-Holmes, D., Barnes-Holmes, Y., Hayden, E., Milne, R., & Stewart, I. (2006). Do You Really Know What You Believe? Developing the Implicit Relational Assessment Procedure (IRAP) as a Direct Measure of Implicit Beliefs. Holmes, 32.

Barry, C. T., Loflin, D. C., & Doucette, H. (2015). Adolescent self-compassion: Associations with narcissism, self-esteem, aggression, and internalizing symptoms in at-risk males. Personality & Individual Differences, 77, 118-123.

Batchelor, S. (2001). Buddhism without Beliefs. Riverhead Books.

Bauer, J. J., & Wayment, H. A. (2008). The psychology of the quiet ego.

Baumeister, R. F., Smart, L., & Boden, J. M. (1996). Relation of threatened egotism to violence and aggression: the dark side of high self-esteem. Psychological Review, 103(1), 5-33.

Bech, P., Olsen, L. R., Kjoller, M., & Rasmussen, N. K. (2003). Measuring well - being rather than the absence of distress symptoms: a comparison of the SF - 36 Mental Health subscale and the WHO - Five well - being scale. International journal of methods in psychiatric research, 12(2), 85-91.

Bell, D., & Leite, A. (2016). Experiential self-understanding. Int J Psychoanal, 97(2), 305-332.

BenItzhak, S., Bluvstein, I., & Maor, M. (2014). The Psychological Flexibility Questionnaire (PFQ): Development, Reliability and Validity.

Benjet, C., Bromet, E., Karam, E. G., Kessler, R. C., Mclaughlin, K. A., Ruscio, A. M., Shahly, V., Stein, D. J., Petukhova, M., & Hill, E. (2016). The epidemiology of traumatic event exposure worldwide: results from the World Mental Health Survey Consortium. Psychological Medicine, 46(2), 327-343.

Bergomi, C., Tschacher, W., & Kupper, Z. (2013a). The Assessment of Mindfulness with Self-Report Measures: Existing Scales and Open Issues. Mindfulness, 4(3), 191-202.

Bergomi, C., Tschacher, W., & Kupper, Z. (2013b). Measuring mindfulness: first steps towards the development of a comprehensive mindfulness scale. Mindfulness, 4(1), 18-32.

Berkson, M. A. (2005). CONCEPTIONS OF SELF/NO - SELF AND MODES OF CONNECTION Comparative Soteriological Structures in Classical Chinese Thought. Journal of Religious Ethics, 33(2), 293-331.

Bhambhani, Y., & Cabral, G. (2015). Evaluating Nonattachment and Decentering as Possible Mediators of the Link Between Mindfulness and Psychological Distress in a Nonclinical College Sample. Journal of evidence-based complementary & alternative medicine, 21(4), 295.

Bishop, S. R., Carlson, L., Anderson, N. D., Carmody, J., Segal, Z. V., Abbey, S., Speca, M., & Velting, D. (2004). Mindfulness: A Proposed Operational Definition. Clinical psychology: Science and practice, 100, 3.

Bishop, S. R., Lau, M., Shapiro, S., Carlson, L., Anderson, N. D., Carmody, J., Segal, Z. V., Abbey, S., Speca, M., & Velting, D. (2004). Mindfulness: A Proposed Operational Definition. Clinical Psychology Science & Practice, 11(3), 230–241.

Bjelland, I., Dahl, A. A., Haug, T. T., & Neckelmann, D. (2002). The validity of the Hospital Anxiety and Depression Scale. An updated literature review. Journal of psychosomatic research, 52(2), 69-77.

Bond, F. W., & Bunce, D. (2003). The role of acceptance and job control in mental health, job satisfaction, and work performance. Journal of Applied

Psychology, 88(6), 1057-1067.

Bond, F. W., Hayes, S. C., Baer, R. A., Carpenter, K. M., Guenole, N., Orcutt, H. K., Waltz, T., & Zettle, R. D. (2011). Preliminary Psychometric Properties of the Acceptance and Action Questionnaire–II: A Revised Measure of Psychological Inflexibility and Experiential Avoidance ☆ . Behavior Therapy, 42(4), 676-688.

Bond, K., Ospina, M. B., Hooton, N., Bialy, L., Dryden, D. M., Buscemi, N., Shannahoff-Khalsa, D., Dusek, J., & Carlson, L. E. (2009). Defining a Complex Intervention: The Development of Demarcation Criteria for "Meditation". Psychology of Religion & Spirituality, 1(2), 129-137.

Brahmana, M. (2016). NEW EQUANIMITY MEDITATION AND TOOLS FROM PSYCHOLOGY AND NEUORSCIENCE TO TEST ITS EFFECTIVNESS.

Brown, D. B., Bravo, A. J., Roos, C. R., & Pearson, M. R. (2015). Five Facets of Mindfulness and Psychological Health: Evaluating a Psychological Model of the Mechanisms of Mindfulness. Mindfulness, 6(5), 1021.

Brown, K. W., & Ryan, R. M. (2003). The Benefits of Being Present: Mindfulness and Its Role in Psychological Well-Being. Journal of Personality & Social Psychology, 84(4), 822-848.

Brown, K. W., & Ryan, R. M. (2003). The benefits of being present: mindfulness and its role in psychological well-being. Journal of personality and social psychology, 84(4), 822.

Brown , K. W., & Ryan, R. M. (2004). Perils and Promise in Defining and Measuring Mindfulness: Observations From Experience. Clinical Psychology Science & Practice, 11(3), 242-248.

Brown, K. W., Ryan, R. M., & Creswell, J. D. (2007). Mindfulness: Theoretical Foundations and Evidence for Its Salutary Effects. Psychological inquiry, 18(4), 211-237.

Bugental, J. F. T. (1965). The search for authenticity : an existential-analytic approach to psychotherapy.

Bugental, J. F. T. (1981). The search for authenticity : an existential-analytic approach to psychotherapy.

Butzer, B., & Kuiper, N. A. (2006). Relationships between the frequency of social comparisons and self-concept clarity, intolerance of uncertainty, anxiety, and depression. Personality & Individual Differences, 41(1), 167-176.

Cahn, B. R., & Polich, J. (2006). Meditation states and traits: EEG, ERP, and neuroimaging studies. Psychological bulletin, 132(2), 180.

Cain, N. M., Pincus, A. L., & Ansell, E. B. (2008). Narcissism at the crossroads: phenotypic description of pathological narcissism across clinical theory, social/personality psychology, and psychiatric diagnosis. Clinical psychology review, 28(4), 638-656.

Cardaciotto, L. A., Herbert, J. D., Forman, E. M., Moitra, E., & Farrow, V. (2008). The assessment of present-moment awareness and acceptance: The Philadelphia Mindfulness Scale. Assessment, 15(2), 204-223.

Cardoso, R., Souza, E. D., Camano, L., & Leite, J. R. (2004). Meditation in health: an operational definition. Brain Research Protocols, 14(1), 58-60.

Carissa, B. C., Secrest, S., Walls, J., Hallberg, E., Lustman, P. J., Schneider, F. D., & Scherrer, J. F. (2018). Association between posttraumatic stress disorder and lack of exercise, poor diet, obesity, and co-occuring smoking: A systematic review and meta-analysis. 37(5), 407-416.

Carlo, G., PytlikZillig, L. M., Roesch, S. C., & Dienstbier, R. A. (2009). Personality, Identity, and Character: Explorations in Moral Psychology (D. Narvaez & D. K. Lapsley, Eds.). Cambridge University Press. https://doi.org/DOI: 10.1017/CBO9780511627125

Carlson, E. N. (2013). Overcoming the Barriers to Self-Knowledge: Mindfulness as a Path to Seeing Yourself as You Really Are. Perspectives on Psychological Science A Journal of the Association for Psychological Science, 8(2), 173-186.

Carmody, J., & Baer, R. A. (2008). Relationships between mindfulness practice and levels of mindfulness, medical and psychological symptoms and well-being in a mindfulness-based stress reduction program. Journal of Behavioral Medicine, 31(1), 23-33.

Carnelley, K. B., Pietromonaco, P. R., & Jaffe, K. (2010). Attachment, caregiving, and relationship functioning in couples: Effects of self and partner. Personal Relationships, 3(3), 257-278.

Carson, S. H., & Langer, E. J. (2006). Mindfulness and self-acceptance. Journal of rational-emotive and cognitive-behavior therapy, 24(1), 29-43.

Carver, C. S., & Scheier, M. F. (1998). On the self-regulation of behavior. Contemporary Sociology, 29(2), 386.

Cathcart, S., Galatis, N., Immink, M., Proeve, M., & Petkov, J. (2014). Brief Mindfulness-Based Therapy for Chronic Tension-Type Headache: A Randomized Controlled Pilot Study. Behavioural & Cognitive Psychotherapy, 42(1), 1-15.

Chan, H. L., Lo, L. Y., Lin, M., & Thompson, N. (2016). Revalidation of the Cognitive and Affective Mindfulness Scale-Revised (CAMS-R) with Its Newly

Developed Chinese Version (Ch-CAMS-R). Journal of Pacific Rim Psychology, 10(10), 1-10.

Chan, W. (2008). Psychological attachment, no-self and Chan Buddhist mind therapy. Contemporary Buddhism, 9(2), 253-264.

Chan, Y.-F., Leung, D. Y., Fong, D. Y., Leung, C.-M., & Lee, A. M. (2010). Psychometric evaluation of the Hospital Anxiety and Depression Scale in a large community sample of adolescents in Hong Kong. Quality of Life Research, 19(6), 865-873.

Chen, S., & Jordan, C. (2018). Incorporating Ethics Into Brief Mindfulness Practice: Effects on Well-Being and Prosocial Behavior. Mindfulness, 1-12. https://doi.org/10.1007/s12671-018-0915-2

Chen, S., & Jordan, C. H. (2018). Incorporating Ethics Into Brief Mindfulness Practice: Effects on Well-Being and Prosocial Behavior. Mindfulness(4), 1-12.

Cicchetti, D. V. (1994). Guidelines, criteria, and rules of thumb for evaluating normed and standardized assessment instruments in psychology. Psychological assessment, 6(4), 284-290.

Clarkson, J. J., Tormala, Z. L., Desensi, V. L., & Wheeler, S. C. (2009). Does attitude certainty beget self-certainty? Journal of Experimental Social Psychology, 45(2), 436-439.

Clausen, S. S., Crawford, C. C., & Ives, J. A. (2014). Does Neuroimaging Provide Evidence of Meditation-Mediated Neuroplasticity? In S. Schmidt & H. Walach (Eds.), Meditation – Neuroscientific Approaches and Philosophical Implications (pp. 115-135). Springer International Publishing. https://doi.org/10.1007/978-3-319-01634-4_7

Cofer, C. N., & Appley, M. H. (1964). Motivation : theory and research. Wiley.

Cohen, J. (1988a). Statistical Power Analysis for the Behavioral Sciences. Technometrics, 31(4), 499-500.

Cohen, J. (1988b). Statistical power analysis for the behavioral sciences. 2nd ed. L. Erlbaum Associates.

Connolly, M. B., Critschristoph, P., Shelton, R. C., Hollon, S., Kurtz, J., Barber, J. P., Butler, S. F., Baker, S., & Thase, M. E. (1999). The reliability and validity of a measure of self-understanding of interpersonal patterns. Journal of Counseling Psychology, 46(4), 472-482.

Corcoran, K. M., Farb, N., Anderson, A., & Segal, Z. V. (2010). Mindfulness and emotion regulation: Outcomes and possible mediating mechanisms. Psychiatryinterpersonal & Biological Processes.

Correll, J., Spencer, S. J., & Zanna, M. P. (2004). An affirmed self and an open mind: Self-affirmation and sensitivity to argument strength ☆ . Journal of Experimental Social Psychology, 40(3), 350-356.

Costa, J., Marôco, J., Pinto - Gouveia, J., Ferreira, C., & Castilho, P. (2016). Validation of the Psychometric Properties of the Self - Compassion Scale. Testing the Factorial Validity and Factorial Invariance of the Measure among Borderline Personality Disorder, Anxiety Disorder, Eating Disorder and General Populations. 23(5), 460-468.

Crescentini, C., & Capurso, V. (2015a). Mindfulness meditation and explicit and implicit indicators of personality and self-concept changes. Frontiers in psychology, 6(44), 44.

Crescentini, C., & Capurso, V. (2015b). Mindfulness meditation and explicit and implicit indicators of personality and self-concept changes. Frontiers in psychology, 6, 44.

Crocetti, E., & Dijk, M. P. A. V. (2016). Self-Concept Clarity.

Curtiss, J., Klemanski, D. H., Andrews, L., Ito, M., & Hofmann, S. G. (2017). The conditional process model of mindfulness and emotion regulation: An empirical test. Journal of Affective Disorders, 212.

D'Argembeau, A., Jedidi, H., Balteau, E., Bahri, M., Phillips, C., & Salmon, E. (2011). Valuing one's self: medial prefrontal involvement in epistemic and emotive investments in self-views. Cerebral Cortex, bhr144.

Dahl, C. J., Lutz, A., & Davidson, R. J. (2015). Reconstructing and deconstructing the self: cognitive mechanisms in meditation practice. Trends in cognitive sciences, 19(9), 515-523.

Dam, N. T. V., Sheppard, S. C., Forsyth, J. P., & Earleywine, M. (2011). Self-compassion is a better predictor than mindfulness of symptom severity and quality of life in mixed anxiety and depression. Journal of Anxiety Disorders, 25(1), 123-130.

Dambrun, M., & Ricard, M. (2011). Self-centeredness and selflessness: A theory of self-based psychological functioning and its consequences for happiness. Review of General Psychology, 15(2), 138-157.

Dan-Yang, X. U., Yang, Z. H., Chen, H., & Psychology, D. O. (2017). Mediating effects of self-compassion in relation of personality,and self-esteem to social physique anxiety in middle school student. Chinese Mental Health Journal.

Davis, M. H. (1983). Measuring individual differences in empathy : evidence for a multidimensional approach. Journal of Personality and Social Psychology, 44(1), 113-126.

Dehaene, S. (2014). Dehaene, S. (2014). Consciousness and the brain. Viking Press.

Demarree, K. G., Petty, R. E., & Briñol, P. (2007). Self-certainty: parallels to attitude certainty. International Journal of Psychology & Psychological Therapy, 7(2), 159-188.

Desbordes, G., Gard, T., Hoge, E. A., Hölzel, B. K., Kerr, C., Lazar, S. W., Olendzki, A., & Vago, D. R. (2015). Moving beyond Mindfulness: Defining Equanimity as an Outcome Measure in Meditation and Contemplative Research. Mindfulness, 6(2), 356-372.

Desbordes, G., Negi, L. T., Pace, T. W., Wallace, B. A., Raison, C. L., & Schwartz, E. L. (2012). Effects of mindful-attention and compassion meditation training on amygdala response to emotional stimuli in an ordinary, non-meditative state. Frontiers in human neuroscience, 6(3), 292.

Dreyfus, G. (2011). Is mindfulness present-centred and non-judgmental? A discussion of the cognitive dimensions of mindfulness. Contemporary Buddhism, 12(1), 41-54.

Dryden, W., & Still, A. (2006). Historical aspects of mindfulness and self-acceptance in psychotherapy. Journal of rational-emotive and cognitive-behavior therapy, 24(1), 3-28.

Duarte, J., & Pinto-Gouveia, J. (2017a). Mindfulness, self-compassion and psychological inflexibility mediate the effects of a mindfulness-based intervention in a sample of oncology nurses. Journal of Contextual Behavioral Science, 6(2), 125-133. https://doi.org/https://doi.org/10.1016/j.jcbs.2017.03.002

Duarte, J., & Pinto-Gouveia, J. (2017b). Mindfulness, self-compassion and psychological inflexibility mediate the effects of a mindfulness-based intervention in a sample of oncology nurses. Journal of Contextual Behavioral Science.

Edwards, S. D. (2013). Influence of a Self-identification Meditation Intervention on Psychological and Neurophysiologic Variables. Journal of Psychology in Africa, 23(1), 69-76.

Eliseo, M. S. (2016). Mindfulness and moral behavior in the organization: The role of awareness of and attention to morality University of Washington.].

Ellis, A. (1991). Achieving self-actualization: The rational-emotive approach. Journal of Social Behavior & Personality, 6(5), 1-18.

Emiral, E., & Eğeci, İ. S. (2017). Mindfulness skills in individuals with borderline personality features: Roles of impulsivity and rejection sensitivity. Global Conference on Psychology Researches,

Engler, J. (2003). Being Somebody and Being Nobody: A Reexamination of the Understanding of Self in Psychoanalysis and Buddhism. In Safran, J. (Ed), Psychoanalysis and Buddhism. (pp. 35-100). Boston: Wisdom Publications.

Epstein, M. (1988). The deconstruction of the self: Ego and "egolessness" in Buddhist insight meditation. Journal of Transpersonal Psychology, 20(1), 61-69.

Etkin, A., Maron-Katz, A., Wu, W., Fonzo, G. A., Huemer, J., Vértes, P. E., Patenaude, B., Richiardi, J., Goodkind, M. S., Keller, C. J., Ramos-Cejudo, J., Zaiko, Y. V., Peng, K. K., Shpigel, E., Longwell, P., Toll, R. T., Thompson, A., Zack, S., Gonzalez, B., Edelstein, R., Chen, J., Akingbade, I., Weiss, E., Hart, R., Mann, S., Durkin, K., Baete, S. H., Boada, F. E., Genfi, A., Autea, J., Newman, J., Oathes, D. J., Lindley, S. E., Abu-Amara, D., Arnow, B. A., Crossley, N., Hallmayer, J., Fossati, S., Rothbaum, B. O., Marmar, C. R., Bullmore, E. T., & O'Hara, R. (2019). Using fMRI connectivity to define a treatment-resistant form of post-traumatic stress disorder. Science Translational Medicine, 11(486), eaal3236. https://doi.org/10.1126/scitranslmed.aal3236

Evans, D. R., Baer, R. A., & Segerstrom, S. C. (2009). The effects of mindfulness and self-consciousness on persistence. Personality and Individual Differences, 47(4), 379-382.

Fairfax, H. (2008). The use of mindfulness in obsessive compulsive disorder: suggestions for its application and integration in existing treatment. Clinical Psychology & Psychotherapy, 15(1), 53–59.

Falkenström, F. (2003). A Buddhist contribution to the psychoanalytic psychology of self. International Journal of Psychoanalysis, 84(Pt 6), 1551-1568.

Farb, N. A., Segal, Z. V., Mayberg, H., Bean, J., McKeon, D., Fatima, Z., & Anderson, A. K. (2007). Attending to the present: mindfulness meditation reveals distinct neural modes of self-reference. Soc Cogn Affect Neurosci, 2(4), 313-322. https://doi.org/10.1093/scan/nsm030

Fazio, R. H. (1995). Attitudes as object-evaluation associations: Determinants, consequences, and correlates of attitude accessibility.

Feldman, G. C., Hayes, A. M., Kumar, S. M., Greeson, J. G., & Laurenceau, J. P. (2007). Cognitive and Affective Mindfulness Scale-Revised (CAMS-R).

Feliu-Soler, A., Soler, J., Luciano, J. V., Cebolla, A., Elices, M., Demarzo, M., & García-Campayo, J. (2016). Psychometric Properties of the Spanish Version of the Nonattachment Scale (NAS) and Its Relationship with Mindfulness,

Decentering, and Mental Health. Mindfulness, 7(5), 1-14.

Fenigstein, A., Scheier, M. F., & Buss, A. H. (1975). Public and Private Self-Consciousness: Assessment and Theory. Journal of Consulting & Clinical Psychology, 43(4), 522-527.

Fergus, T. A., Valentiner, D. P., Gillen, M. J., Hiraoka, R., Twohig, M. P., Abramowitz, J. S., & Mcgrath, P. B. (2011). Assessing psychological inflexibility: The psychometric properties of the Avoidance and Fusion Questionnaire for Youth in two adult samples. Psychological assessment, 24(2), 402-408.

Fletcher, L., & Hayes, S. C. (2005). Relational frame theory, acceptance and commitment therapy, and a functional analytic definition of mindfulness. Journal of rational-emotive and cognitive-behavior therapy, 23(4), 315-336.

Fresco, D. M., Flynn, J. J., Mennin, D. S., & Haigh, E. A. (2011). Mindfulness-based cognitive therapy. Acceptance and Mindfulness in Cognitive Behavior Therapy: Understanding and Applying the New Therapies (eds JD Herbert and EM Forman), John Wiley & Sons, Inc., Hoboken, NJ, USA. doi, 10(1002), 9781118001851.

Freudenthaler, L., Turba, J. D., & Tran, U. S. (2017). Emotion Regulation Mediates the Associations of Mindfulness on Symptoms of Depression and Anxiety in the General Population. Mindfulness, 8(5), 1339.

Fronsdal, G. (2004). "Equanimity". Insight Meditation Center. https://en.wikipedia.org/wiki/Equanimity#cite_note-4.

Gámez, W., Chmielewski, M., Kotov, R., Ruggero, C., & Watson, D. (2011). Development of a measure of experiential avoidance: the Multidimensional Experiential Avoidance Questionnaire. Psychological assessment, 23(3), 692.

Garnefski, N., Kraaij, V., & Spinhoven, P. (2001). Negative life events, cognitive emotion regulation and emotional problems. Personality & Individual Differences, 30(8), 1311-1327.

Germer, C. (2004). What is mindfulness. Insight Journal, 22, 24-29.

Germer, C. K., & Neff, K. D. (2013). Self - compassion in clinical practice. Journal of clinical psychology, 69(8), 856-867.

Gethin, R. (2011). On some definitions of mindfulness. Contemporary Buddhism, 12(01), 263-279.

Ghorbani, N., Cunningham, C. J., & Watson, P. (2010). Comparative analysis of integrative self-knowledge, mindfulness, and private self-consciousness in predicting responses to stress in Iran. International Journal of Psychology, 45(2), 147-154.

Ghorbani, N., Watson, P. J., Farhadi, M., & Chen, Z. (2008). Integrative Self-Knowledge Scale: correlations and incremental validity of a cross-cultural measure developed in Iran and the United States. Journal of Psychology Interdisciplinary & Applied, 142(4), 395-412.

Ghorbani, N., Watson, P. J., Shamohammadi, K., Cunningham, C. J. L., Ghorbani, N., Watson, P. J., Shamohammadi, K., Cunningham, C. J. L., Ghorbani, N., & Watson, P. J. (2009). Post-Critical Beliefs In Iran: Predicting Religious And Psychological Functioning. Brill.

Giesler, R. B., & Swann, W. B. (1999). Striving for confirmation: The role of self-verification in depression.

Gilbert, P. (2009). Introducing compassion-focused therapy. Advances in Psychiatric Treatment, 15(3), 199-208.

Gilbert, P. (2014). The origins and nature of compassion focused therapy. British Journal of Clinical Psychology, 53(1), 6–41.

Gillanders, D. T., Bolderston, H., Bond, F. W., Dempster, M., Flaxman, P. E., Campbell, L., Kerr, S., Tansey, L., Noel, P., & Ferenbach, C. (2014). The Development and Initial Validation of the Cognitive Fusion Questionnaire ☆ . Behavior Therapy, 45(1), 83-101.

Gillihan, S. J., & Farah, M. J. (2005). Is self special? A critical review of evidence from experimental psychology and cognitive neuroscience. Psychological bulletin, 131(1), 76-97.

Giluk, T. L. (2009). Mindfulness, Big Five personality, and affect: A meta-analysis. Personality and Individual Differences, 47(8), 805-811.

Gleig, A. (2010). The Culture of Narcissism Revisited: Transformations of Narcissism in Contemporary Psychospirituality. Pastoral Psychology, 59(1), 79-91.

Gliem, J. A., & Gliem, R. R. (2003). Calculating, Interpreting, And Reporting Cronbach's α Reliability Coefficient For Likert-Type Scales.

Gloster, A. T., Klotsche, J., Chaker, S., Hummel, K. V., & Hoyer, J. (2011). Assessing psychological flexibility: What does it add above and beyond existing constructs? Psychological assessment, 23(4), 970-982.

Godwin, J. (1998). New Age Religion and Western Culture: Esotericism in the Mirror of Secular Thought. Nova Religio the Journal of Alternative & Emergent Religions, 1(2), 323-325.

Goldin, P. R., & Gross, J. J. (2010). Effects of mindfulness-based stress reduction (MBSR) on emotion regulation in social anxiety disorder. Emotion, 10(1), 83-91.

Goodall, K., Trejnowska, A., & Darling, S. (2012). The relationship between dispositional mindfulness, attachment security and emotion regulation. Personality & Individual Differences, 52(5), 622-626.

Gorbis, E., Molnar, C., & O'Neill, J. (2007). Mindfulness-based behavioral therapy (MBBT) for severe obsessive compulsive disorder improves therapy outcome for people who were previously.

Graham, J. R., Hayes, S. A., Erisman, S. M., & Roemer, L. (2009). The Relationship Between Mindfulness and Anxiety in Black Self-Identified Individuals. Poster presented at the 43rd Annual Meeting of the Association for Behavioral and Cognitive Therapies, New York, NY.

Grant, A. M., Franklin, J., & Langford, P. (2002). THE SELF-REFLECTION AND INSIGHT SCALE: A NEW MEASURE OF PRIVATE SELF-CONSCIOUSNESS. Social Behavior & Personality An International Journal, 30(8), 821-835.

Grant , J. S., & Davis , L. L. (1997). Selection and use of content experts for instrument development. Research in nursing & health, 20(3), 269.

Greco, L. A., Lambert, W., & Baer, R. A. (2008). Psychological inflexibility in childhood and adolescence: development and evaluation of the Avoidance and Fusion Questionnaire for Youth. Psychological assessment, 20(2), 93-102.

Greenberg, M. T., & Mitra, J. L. (2015). From Mindfulness to Right Mindfulness: the Intersection of Awareness and Ethics. Mindfulness, 6(1), 74-78.

Greenberger, E., & Sørensen, A. B. (1974). Toward a concept of psychosocial maturity. Journal of Youth and Adolescence, 3(4), 329-358.

Grossman, P. (2008). On measuring mindfulness in psychosomatic and psychological research. Journal of psychosomatic research, 64(4), 405-408.

Hölzel, B. K., Carmody, J., Vangel, M., Congleton, C., Yerramsetti, S. M., Gard, T., & Lazar, S. W. (2011). Mindfulness practice leads to increases in regional brain gray matter density. Psychiatry Research Neuroimaging, 191(1), 36.

Hölzel, B. K., Lazar, S. W., Gard, T., Schuman-Olivier, Z., Vago, D. R., & Ott, U. (2011). How does mindfulness meditation work? Proposing mechanisms of action from a conceptual and neural perspective. Perspectives on Psychological Science, 6(6), 537-559.

H Markus, A., & Wurf, E. (1987). The Dynamic Self-Concept: A Social Psychological Perspective. Annu Rev Psychol, 38(1), 299-337.

Hadash, Y., Plonsker, R., Vago, D. R., & Bernstein, A. (2016). Experiential Self-Referential and Selfless Processing in Mindfulness and Mental Health:

Conceptual Model and Implicit Measurement Methodology. Psychological assessment.

Hadash, Y., Segev, N., Tanay, G., Goldstein, P., & Bernstein, A. (2016). The Decoupling Model of Equanimity: Theory, Measurement, and Test in a Mindfulness Intervention. Mindfulness, 1-13.

Hamilton, J., & Cole, S. (2017). Imagining possible selves across time: Characteristics of self-images and episodic thoughts. Experimental Psychology Society, Han, S., Gu, X., Mao, L., Ge, J., Wang, G., & Ma, Y. (2010). Neural substrates of self-referential processing in Chinese Buddhists. Social Cognitive and Affective Neuroscience, 5(2-3), 332-339.

Hanh, T. N. (1999). The Heart of the Buddha's Teaching: Transforming Suffering Into Peace, Joy & Liberation: The Four Noble Truths, the Noble Eightfold Path, and Other Ba. Broadway Books.

Hanley, A. W. (2016). The mindful personality: Associations between dispositional mindfulness and the Five Factor Model of personality. Personality & Individual Differences, 91, 154-158.

Hanley, A. W. (2016). The mindful personality: Associations between dispositional mindfulness and the Five Factor Model of personality. Personality and Individual Differences, 91, 154-158.

Hanson, R. (2009). Buddha's Brain.

Harman, D. (1967). A single factor test of common method variance. Journal of Psychology Interdisciplinary & Applied, 35(1967), 359-378.

Harnett, P. H., Reid, N., Loxton, N. J., & Lee, N. (2016). The relationship between trait mindfulness, personality and psychological distress: A revised reinforcement sensitivity theory perspective. Personality & Individual Differences, 99, 100-105.

Harrington, N., & Pickles, C. (2009). Mindfulness and Cognitive Behavioral Therapy: A Rebuttal. Journal of Cognitive Psychotherapy, 23(4), 333-335(333).

Harris, E. J. (1997). Detachment and Compassion in Early Buddhism.

Harvey, P. (2000). An Introduction to Buddhist Ethics. Religious Studies & Theology, 22(2), 77-79.

Hattie, J. (2012). Visible Learning for Teachers: Maximising Impact on Learning.

Hayes, S. C. (2004). Acceptance and commitment therapy, relational frame theory, and the third wave of behavioral and cognitive therapies *. Behavior Therapy, 35(4), 639-665.

Hayes, S. C., Bissett, R., Roget, N., Padilla, M., Kohlenberg, B. S., Fisher, G., Masuda, A., Pistorello, J., Rye, A. K., & Berry, K. (2004). The impact of acceptance and commitment training and multicultural training on the stigmatizing attitudes and professional burnout of substance abuse counselors *. Behavior Therapy, 35(4), 821-835.

Hayes, S. C., Luoma, J. B., Bond, F. W., Masuda, A., & Lillis, J. (2006). Acceptance and Commitment Therapy: Model, processes and outcomes. Behaviour Research & Therapy, 44(1), 1-25.

Hayes, S. C., Strosahl, K. D., & Wilson, K. G. (1999). Acceptance and commitment therapy: An experiential approach to behavior change. Encyclopedia of Psychotherapy, 32(1), 1–8.

Hayes, S. C., & Wilson, K. G. (2003). Mindfulness: Method and Process. Clinical Psychology Science & Practice, 10(2), 161-165.

Hayes, S. C., Wilson, K. G., Gifford, E. V., Follette, V. M., & Strosahl, K. (1996). Experiential avoidance and behavioral disorders: A functional dimensional approach to diagnosis and treatment. Journal of Consulting & Clinical Psychology, 64(6), 1152-1168.

Hayes., A. (2013). Introduction to mediation, moderation, and conditional process analysis: A regression-based approach. Journal of Educational Measurement, 51(3), 335-337.

Heppner, W. L., Spears, C. A., Vidrine, J. I., & Wetter, D. W. (2015). Mindfulness and Emotion Regulation. Current Opinion in Psychology, 3, 52-57.

Heun, R., Bonsignore, M., Barkow, K., & Jessen, F. (2001). Validity of the five-item WHO Well-Being Index (WHO-5) in an elderly population. European archives of psychiatry and clinical neuroscience, 251, 27-31.

Hinz, A., & Brähler, E. (2011). Normative values for the hospital anxiety and depression scale (HADS) in the general German population. Journal of psychosomatic research, 71(2), 74-78.

Hoffman, L. (2008). An Existential Framework for Buddhism, World Religions, and Psychotherapy: Culture and Diversity Considerations.

Hoffman, L. (2010). Implications of "No-Self" for Psychology (Review of "Self and No-Self: Continuing the Dialogue Between Buddhism and Psychotherapy."). Psyccritiques, 55(16).

Hoffman, L., Stewart, S., Warren, D., & Meek, L. (2014). Toward a Sustainable Myth of Self: An Existential Response to the Postmodern Condition.

Hofmann, S. G., Grossman, P., & Hinton, D. E. (2011). Loving-Kindness and Compassion Meditation: Potential for Psychological Interventions. Clinical psychology review, 31(7), 1126-1132.

Hofmann, S. G., Sawyer, A. T., Witt, A. A., & Oh, D. (2010). The effect of mindfulness-based therapy on anxiety and depression: A meta-analytic review. J Consult Clin Psychol, 78(2), 169-183.

Hollis-Walker, L., & Colosimo, K. (2011). Mindfulness, self-compassion, and happiness in non-meditators: A theoretical and empirical examination. Personality & Individual Differences, 50(2), 222-227.

Homan, K. J. (2017). Self-Compassion and Psychological Well-Being in Older Adults. Journal of Adult Development, 23(2), 1-9.

Hooper, N., Villatte, M., Neofotistou, E., & Mchugh, L. (2010). The Effects of Mindfulness versus Thought Suppression on Implicit and Explicit Measures of Experiential Avoidance. International Journal of Behavioral Consultation & Therapy, 6(3), 233-244.

Hou, J., Wong, S. Y., Lo, H. H., Mak, W. W., & Ma, H. S. (2014). Validation of a Chinese version of the Five Facet Mindfulness Questionnaire in Hong Kong and development of a short form. Assessment, 21(3), 363.

Howe, L. C., & Krosnick, J. A. (2017). Attitude Strength. Annu Rev Psychol, 68(1), 327.

Hurk, P. V. D., Giommi, F., & Barendregt, H. (2012). Meta-awareness as fundamental working mechanism in mindfulness meditation. Egw.cs.ru.nl.

Ie, A., Haller, C. S., Langer, E. J., & Courvoisier, D. S. (2013). Mindful multitasking: The relationship between mindful flexibility and media multitasking. Computers in Human Behavior, 28(4), 1526-1532.

Immergut, M., & Kaufman, P. (2014). A Sociology of No-Self: Applying Buddhist Social Theory to Symbolic Interaction. Symbolic Interaction, 37(2), 264–282.

Ireland, M. J. (2013). Meditation and Psychological Health: Modeling Theoretically Derived Predictors, Processes, and Outcomes. Mindfulness, 4(4), 362-374.

Ivtzan, I., Young, T., Lee, H. C., Lomas, T., Daukantaitė, D., & Kjell, O. N. E. (2017). Mindfulness Based Flourishing Program: A Cross-Cultural Study of Hong Kong Chinese and British Participants. Journal of Happiness Studies(3), 1-19.

James, K., Verplanken, B., & Rimes, K. A. (2015). Self-criticism as a mediator in the relationship between unhealthy perfectionism and distress. Personality & Individual Differences, 79, 123-128.

Janal, M. N., Colt, E. W., Clark, W. C., & Glusman, M. (1984). Pain sensitivity, mood and plasma endocrine levels in man following long-distance running: effects of naloxone. Pain, 19(1), 13-25.

Jankowski, T., & Holas, P. (2014). Metacognitive model of mindfulness. Consciousness and cognition, 28, 64-80.

John, O. P., & Srivastava, S. (1999). The Big Five Trait taxonomy: History, measurement, and theoretical perspectives. 102-138.

Jones, A., & Crandall, R. (1986). Validation of a short index of self-actualization. Personality and Social Psychology Bulletin, 12(1), 63-73.

Jovasevic, V., Corcoran, K. A., Leaderbrand, K., Yamawaki, N., Guedea, A. L., Chen, H. J., Shepherd, G. M., & Radulovic, J. (2015). GABAergic mechanisms regulated by miR-33 encode state-dependent fear. Nature Neuroscience, 18(9), 1265.

Ju, S. J., & Lee, W. K. (2015). Mindfulness, non-attachment, and emotional well-being in Korean adults. Art, Culture, Game, Graphics, Broadcasting and Digital Contents,

Kabat-Zinn, J. (2003). Mindfulness-Based Interventions in Context: Past, Present, and Future. Clinical Psychology Science & Practice, 10(2), 144–156.

Kabat - Zinn, J. (2003). Mindfulness - based interventions in context: past, present, and future. Clinical psychology: Science and practice, 10(2), 144-156.

Kabatzinn, J. (2011). Mindfulness-based stress reduction (MBSR). Psychotherapie Psychosomatik Medizinische Psychologie, 61(7), 328.

Kashdan, T. B., & Rottenberg, J. (2010). Psychological flexibility as a fundamental aspect of health. Clinical psychology review, 30(7), 865-878.

Kernis, M. H. (2005). Measuring Self-Esteem in Context: The Importance of Stability of Self-Esteem in Psychological Functioning. Journal of Personality, 73(6), 1569–1605.

Keyes, C. L. (2002). The mental health continuum: from languishing to flourishing in life. Journal of Health & Social Behavior, 43(2), 207-222.

Khong, B. S. L. (2009). Expanding the understanding of mindfulness: Seeing the tree and the forest. Humanistic Psychologist, 37(2), 117-136.

Kiss, J., Kocsis, K., Csáki, Á., Görcs, T. J., & Halász, B. (1997). Metabotropic glutamate receptor in GHRH and β - endorphin neurones of the hypothalamic arcuate nucleus. Neuroreport, 8(17), 3703-3707.

Kjaer, T. W., Bertelsen, C., Piccini, P., Brooks, D., Alving, J., & Lou, H. C. (2002). Increased dopamine tone during meditation-induced change of consciousness. Cognitive Brain Research, 13(2), 255-259.

Klein, A. C. (1995). Meeting The Great Bliss Queen. (Boston: Beacon Press)

Kline, R. B. (2010). Principles and practice of structural equation modeling. Journal of the American Statistical Association, 101(12).

Klockner, K., & Hicks, R. (2013). Individual Mindfulness, Cognitive Failures and Personality (the Big Five) in a Workplace Sample. International Conference on Mindfulness,

Koh, J. (2014). Evaluation of the effects and mechanisms of a six-week Mindfulness program on psychological wellbeing in a community sample. Psychology(02), 55-74.

Krosnick, J. A., & Petty, R. E. (1995). Attitude strength: An overview. . 4., 1-24.

Kudesia, R. S., & Nyima, V. T. (2014). Mindfulness Contextualized: An Integration of Buddhist and Neuropsychological Approaches to Cognition. Mindfulness, 6(4), 1-16.

Kumar, S. M. (2005). Grieving Mindfully: A Compassionate And Spiritual Guide To Coping With Loss.

Kuyken, W., Watkins, E., Holden, E., White, K., Taylor, R. S., Byford, S., Evans, A., Radford, S., Teasdale, J. D., & Dalgleish, T. (2010). How does mindfulness-based cognitive therapy work? ☆ . Behaviour Research & Therapy, 48(11), 1105-1112.

López, A., Sanderman, R., Smink, A., Zhang, Y., Van, S. E., Ranchor, A., & Schroevers, M. J. (2015). A Reconsideration of the Self-Compassion Scale's Total Score: Self-Compassion versus Self-Criticism. Plos One, 10(7), e0132940.

Laneri, D., Schuster, V., Dietsche, B., Jansen, A., Ott, U., & Sommer, J. (2016). Effects of Long-Term Mindfulness Meditation on Brain's White Matter Microstructure and its Aging. Frontiers in Aging Neuroscience, 7(292), 254.

Latzman, R. D., & Masuda, A. (2013). Examining mindfulness and psychological inflexibility within the framework of Big Five personality. Personality & Individual Differences, 55(2), 129-134.

Leary, M. R., Tate, E. B., Adams, C. E., Batts Allen, A., & Hancock, J. (2007). Self-compassion and reactions to unpleasant self-relevant events: The implications of treating oneself kindly. Journal of Personality & Social Psychology, 92(5), 887.

Leary, M. R., Tate, E. B., Adams, C. E., Batts Allen, A., & Hancock, J. (2007). Self-compassion and reactions to unpleasant self-relevant events: the implications of treating oneself kindly. Journal of Personality & Social Psychology, 92(5), 887-

904.

Leclerc, G., Lefrançois, R., Dubé, M., Hébert, R., & Gaulin, P. (1998). The self-actualization concept: A content validation. Journal of Social Behavior & Personality, 13(1), 69-84.

Leclerc, G., Lefrançois, R., Dubé, M., Hébert, R., & Gaulin, P. (1999). Criterion validity of a new measure of self-actualization. Psychological Reports, 85(2), 1167-1176.

Lee, K.-H., & Bowen, S. (2015). Relation Between Personality Traits and Mindfulness Following Mindfulness-Based Training: A Study of Incarcerated Individuals with Drug Abuse Disorders in Taiwan. International Journal of Mental Health and Addiction, 13(3), 413-421.

Levenson, R. W., Ekman, P., & Ricard, M. (2012). Meditation and the startle response: A case study. Emotion, 12(3), 650-658.

Levesque, C., & Brown, K. W. (2007a). Mindfulness as a moderator of the effect of implicit motivational self-concept on day-to-day behavioral motivation. Motivation and Emotion, 31(4), 284-299.

Levesque, C., & Brown, K. W. (2007b). Mindfulness as a moderator of the effect of implicit motivational self-concept on day-to-day behavioral motivation. Motivation & Emotion, 31(4), 284-299.

Lewis, B. (2016). Mindfulness, Mysticism, and Narrative Medicine. Journal of Medical Humanities, 1-17.

Li, Q., Lin, Y., Hu, C., Xu, Y., Zhou, H., Yang, L., & Xu, Y. (2016). The Chinese version of hospital anxiety and depression scale: Psychometric properties in Chinese cancer patients and their family caregivers. European Journal of Oncology Nursing, 25, 16-23.

Li, Y., & Ahlstrom, D. (2016). Emotional stability: A new construct and its implications for individual behavior in organizations. Asia Pacific Journal of Management, 33(1), 1-28.

Liljenquist, K., Zhong, C. B., & Galinsky, A. D. (2010). The smell of virtue: clean scents promote reciprocity and charity. Psychol, 21(3), 381-383.

Lin, C. H., Lee, S. M., Wu, B. J., Huang, L. S., Sun, H. J., & Tsen, H. F. (2013). Psychometric properties of the Taiwanese version of the World Health Organization-Five Well-Being index. Acta Psychiatrica Scandinavica, 127(4), 331.

Lindell, M. K., & Whitney, D. J. (2001). Accounting for common method variance in cross-sectional research designs. Journal of Applied Psychology, 86(1), 114.

Livheim, F., Tengström, A., Bond, F. W., Andersson, G., Dahl, J. A., & Rosendahl, I. (2016). Psychometric properties of the Avoidance and Fusion Questionnaire for Youth: A psychological measure of psychological inflexibility in youth. Journal of Contextual Behavioral Science, 5(2), 103-110.

Lomas, T., Cartwright, T., Edginton, T., & Ridge, D. (2015). A Qualitative Analysis of Experiential Challenges Associated with Meditation Practice. Mindfulness, 6(4), 848-860.

Lomas, T., Edginton, T., Cartwright, T., & Ridge, D. (2015). Cultivating equanimity through mindfulness meditation: A mixed methods enquiry into the development of decentring capabilities in men. 5, 88-106.

Loy, D. (2008). Money, sex, war, karma : notes for a Buddhist revolution. Wisdom Publications.

Maio, G. R., & Olson, J. M. (2000). Why We Evaluate: Functions of Attitudes. Lawrence Erlbaum Associates.

Maleki, G., Mazaheri, A., Zabihzadeh, A., Azadi, E., & Malekzadeh, L. (2014). The Role of the Big Five Personality Factors in Mindfulness. Journal of Cognitive & Behavioral Sciences, 4(1).

Markus, H. (1977). Self-schemata and processing information about the self. Journal of Personality & Social Psychology, 35(2), 63-78.

Markus, H., & Nurius, P. (1986). Possible selves. American psychologist, 41(9), 954-969.

Maslow, A. H. (1970). Maslow Motivation and Personality.New York: Harper & Row.

Maslow, A. H. (1971). The farther reaches of human nature. Viking Press.

Maslow, A. H., Frager, R., Fadiman, J., McReynolds, C., & Cox, R. (1970). Motivation and personality (Vol. 2). Harper & Row New York.

Masterson, J. F. (2001). Psychology of the Real Self: Psychoanalytic Perspectives. International Encyclopedia of the Social & Behavioral Sciences, 12405-12409.

May, R. (1981). Freedom and destiny. Ww Norton.

Mcallister, R. J. (1990). The Social Organization of Zen Practice: Constructing Transcultural Reality. By David L. Preston. Cambridge University Press. 171 pp. $37.50. Social Forces, 68(4), 1357-1358.

Mcconnell, P. A., & Froeliger, B. (2015). Mindfulness, Mechanisms and Meaning: Perspectives From the Cognitive Neuroscience of Addiction. Psychological inquiry, 26(4), 349-357.

McIntosh, W. D. (1997). East Meets West: Parallels Between Zen Buddhism and Social Psychology. The International Journal for the psychology of Religion, 7(1), 37-52.

Mckie, A., Askew, K., & Dudley, R. (2017). An experimental investigation into the role of ruminative and mindful self-focus in non-clinical paranoia. Journal of Behavior Therapy & Experimental Psychiatry, 54, 170-177.

Melguizo, T., Torres, F. S., & Jaime, H. (2011). The association between financial aid availability and the college dropout rates in Colombia. Higher Education, 62(2), 231-247.

Michalon, M. (2001). "Selflessness" in the service of the ego: contributions, limitations and dangers of Buddhist psychology for western psychotherapy. American Journal of Psychotherapy, 55(2), 202-218.

Mikulas, W. L. (2008). Buddhist Psychology: A Western Interpretation. In A. K. Dalal, A. Paranjpe, & K. R. Rao (Eds.), Handbook of Indian Psychology (pp. 142-162). Foundation Books. https://doi.org/DOI: 10.1017/UPO9788175968448.009

Mikulas, W. L. (2011). Mindfulness: Significant Common Confusions. Mindfulness, 2(1), 1-7.

Miller, E. K., & Cohen, J. D. (2001). AN INTEGRATIVE THEORY OF PREFRONTAL CORTEX FUNCTION. Annual review of neuroscience, 24(1), 167.

Mitchell, M., & Heads, G. (2015a). Staying Well: A Follow Up of a 5-Week Mindfulness Based Stress Reduction Programme for a Range of Psychological Issues. Community Mental Health Journal, 51(8), 897.

Mitchell, M., & Heads, G. (2015b). Staying Well: A Follow Up of a 5-Week Mindfulness Based Stress Reduction Programme for a Range of Psychological Issues. Community Mental Health Journal, 51(8), 897-902.

Monteromarin, J., Pueblaguedea, M., Herreramercadal, P., Cebolla, A., Soler, J., Demarzo, M., Vazquez, C., Rodríguezbornaetxea, F., & Garcíacampayo, J. (2016). Psychological Effects of a 1-Month Meditation Retreat on Experienced Meditators: The Role of Non-attachment. Frontiers in psychology, 7, 1935.

Mooneyham, B. W., Mrazek, M. D., Mrazek, A. J., Mrazek, K. L., Ihm, E. D., & Schooler, J. W. (2017). An Integrated Assessment of Changes in Brain Structure and Function of the Insula Resulting from an Intensive Mindfulness-Based Intervention. Journal of Cognitive Enhancement(1), 1-10.

Mooneyham, B. W., Mrazek, M. D., Mrazek, A. J., & Schooler, J. W. (2016). Signal or noise: brain network interactions underlying the experience and training of mindfulness. Annals of the New York Academy of Sciences, 1369(1), 240-256.

Mor, N., & Winquist, J. (2002). Self-focused attention and negative affect: a meta-analysis. Psychological bulletin, 128(4), 638.

Morf, C. C., & Rhodewalt, F. (2001). Unraveling the Paradoxes of Narcissism: A Dynamic Self-Regulatory Processing Model. Psychological inquiry, 12(4), 177-196.

Mu, S. (2010). The heart of the universe : exploring the Heart Sutra.

Muris, P. (2016). A Protective Factor Against Mental Health Problems in Youths? A Critical Note on the Assessment of Self-Compassion. Journal of Child and Family Studies, 25(5), 1461-1465.

NEFF, K. (2003). Self-Compassion: An Alternative Conceptualization of a Healthy Attitude Toward Oneself. Self & Identity, 2(2), 85-101.

Neff, K. D. (2003). The development and validation of a scale to measure self-compassion. Self and identity, 2(3), 223-250.

Neff, K. D. (2011). Self - compassion, self - esteem, and well - being. Social and personality psychology compass, 5(1), 1-12.

Neff, K. D. (2016). The Self-Compassion Scale is a Valid and Theoretically Coherent Measure of Self-Compassion. Mindfulness, 7(1), 264-274.

Neff, K. D., & Germer, C. K. (2013). A pilot study and randomized controlled trial of the mindful self - compassion program. Journal of clinical psychology, 69(1), 28-44.

Neff, K. D., Kirkpatrick, K. L., & Rude, S. S. (2007). Self-compassion and adaptive psychological functioning. Journal of Research in Personality, 41(1), 139-154.

Neff, K. D., & Pommier, E. (2012). The Relationship between Self-compassion and Other-focused Concern among College Undergraduates, Community Adults, and Practicing Meditators. Self & Identity, 12(2), 1-17.

Neff, K. D., Rude, S. S., & Kirkpatrick, K. L. (2007). An examination of self-compassion in relation to positive psychological functioning and personality traits. Journal of Research in Personality, 41(4), 908-916.

Nelson, L. D., & Norton, M. I. (2005). From student to superhero: Situational primes shape future helping. Journal of Experimental Social Psychology, 41(4), 423-430.

Newberg, A., Alavi, A., Baime, M., Pourdehnad, M., Santanna, J., & d'Aquili, E. (2001). The measurement of regional cerebral blood flow during the complex cognitive task of meditation: a preliminary SPECT study. Psychiatry Research:

Neuroimaging, 106(2), 113-122.

Newnham, E. A., Hooke, G. R., & Page, A. C. (2010). Monitoring treatment response and outcomes using the World Health Organization's Wellbeing Index in psychiatric care. Journal of Affective Disorders, 122(2), 133-138.

Ng, R. M. (2015). Psychology of the Real Self: Psychoanalytic Perspectives. International Encyclopedia of the Social & Behavioral Sciences, 400-405.

Nie, Y., Zhang, W., Peng, Y., & Ding, L. (2007). The Development of the Adolescents' Self-consciousness Scale. Psychological Science, 30(2), 411-414.

Nie, Y. G., Li, J. B., Dou, K., & Situ, Q. M. (2014). The associations between self-consciousness and internalizing/externalizing problems among Chinese adolescents. Journal of Adolescence, 37(5), 505-514.

Nilsson, H. (2014). A four-dimensional model of mindfulness and its implications for health. Psychology of Religion & Spirituality, 6(2), 162.

Nolenhoeksema, S., Wisco, B. E., & Lyubomirsky, S. (2008). Rethinking rumination. Perspectives on Psychological Science A Journal of the Association for Psychological Science, 3(5), 400.

Northoff, G. (2011). Self and brain: what is self-related processing? Trends in cognitive sciences, 15(5), 186-187.

Northoff, G., Qin, P., & Feinberg, T. E. (2011). Brain imaging of the self--conceptual, anatomical and methodological issues. Consciousness & Cognition, 20(1), 52-63.

Nyklíček, I., Dijksman, S. C., Lenders, P. J., Fonteijn, W. A., & Koolen, J. J. (2012). A brief mindfulness based intervention for increase in emotional well-being and quality of life in percutaneous coronary intervention (PCI) patients: the MindfulHeart randomized controlled trial. Journal of Behavioral Medicine, 37(1), 135-144.

Nyklíček, I., & Irrmischer, M. (2017). For Whom Does Mindfulness-Based Stress Reduction Work? Moderating Effects of Personality. Mindfulness, 8(4), 1-11.

Ohtsuki, T., Uemura, M., Kakutani, Y., Kijima, Y., Ishizu, K., & Shimoda, Y. (2013). Measuring psychological inflexibility in Japanese adolescents.: Development of the Japanese version of avoidance and fusion questionnaire for youth. The Asian Cognitive Behavior Therapy,

Olendzki, A. (2006). The transformative impact of non-self. Buddhist thought and applied psychological research: Transcending the boundaries, 250-261.

Olendzki, A. (2009). Mindfulness and Meditation. Springer New York.

Olson, M. A., & Kendrick, R. V. (2011). Origins of attitudes. (William D.

Crano, Radmila Prislin) (Psychology Press)

Ospina, M. B., Bond, K., Karkhaneh, M., Buscemi, N., Dryden, D. M., Barnes, V., Carlson, L. E., Dusek, J. A., & Shannahoffkhalsa, D. (2008). Clinical trials of meditation practices in health care: characteristics and quality. Journal of Alternative & Complementary Medicine, 14(10), 1199-1213.

Ostafin, B. D., Robinson, M. D., & Meier, B. P. (2015a). Handbook of Mindfulness and Self-Regulation. Springer New York.

Ostafin, B. D., Robinson, M. D., & Meier, B. P. (2015b). Introduction: The Science of Mindfulness and Self-Regulation.

Oveis, C., Horberg, E. J., & Keltner, D. (2010). Compassion, pride, and social intuitions of self-other similarity. J Pers Soc Psychol, 98(4), 618-630.

Pageler, B. (2016). An organizing model for recent cognitive science work on the self. Consciousness & Cognition, 45, 37-46.

Papies, E. K., Barsalou, L. W., & Custers, R. (2010). Mindful Attention Prevents Mindless Impulses. Social Psychological & Personality Science, 3(3), 291-299.

Peng, C.-K., Mietus, J. E., Liu, Y., Khalsa, G., Douglas, P. S., Benson, H., & Goldberger, A. L. (1999). Exaggerated heart rate oscillations during two meditation techniques. International journal of cardiology, 70(2), 101-107.

Pepping, C. A., O'Donovan, A., & Davis, P. J. (2013). The positive effects of mindfulness on self-esteem. The Journal of Positive Psychology, 8(5), 376.

Perugini, M., & Leone, L. (2009). Implicit self-concept and moral action. Journal of Research in Personality, 43(5), 747-754. https://doi.org/10.1016/j.jrp.2009.03.015

Peterson, A. (2017). Compassion and Education. Palgrave Macmillan UK.

Petrocchi, N., Ottaviani, C., & Couyoumdjian, A. (2014). Dimensionality of self-compassion: translation and construct validation of the self-compassion scale in an Italian sample. Journal of Mental Health, 23(2), 72.

Phang, C. K., Mukhtar, F., Ibrahim, N., Keng, S. L., & Mohd, S. S. (2015). Effects of a brief mindfulness-based intervention program for stress management among medical students: the Mindful-Gym randomized controlled study. Advances in Health Sciences Education Theory & Practice, 20(5), 1115-1134.

Phillips, W. J., & Ferguson, S. J. (2013). Self-Compassion: A Resource for Positive Aging. Journals of Gerontology, 68(4), 529-539.

Pincus, A. L., Ansell, E. B., Pimentel, C. A., Cain, N. M., Wright, A. G., & Levy, K. N. (2009). Initial construction and validation of the Pathological

Narcissism Inventory. Psychological assessment, 21(3), 365.

Pizer, S. A. (2014). Building Bridges: The Negotiation of Paradox in Psychoanalysis. Psychoanalytic Psychology, 18(1), 175-178.

Podsakoff, P. M., Mackenzie, S. B., Lee, J. Y., & Podsakoff, N. P. (2003). Common method biases in behavioral research: A critical review of the literature and recommended remedies. J Appl Psychol, 88(5), 879-903.

Podsakoff, P. M., & Organ, D. W. (1986). Self-reports in organizational research: Problems and prospects. Journal of Management, 12(4), 531-544.

Polit, D. F., Beck, C. T., & Owen, S. V. (2007). Is the CVI an acceptable indicator of content validity? Appraisal and recommendations. Research in nursing & health, 30(4), 459-467.

Pomeroy, L., & Ellis, A. (2014). Psychotherapy and the value of a human being.

Pommier, E. A., & Neff, K. D. (2010). Compassion Scale.

Pracheth, R. (2015). The utility of WHO-five-well-being index as a screening tool for depression among elderly.

Purser, R., & Loy, D. (2013). Beyond McMindfulness. Huffington post, 1(7), 13.

Purser, R. E., & Milillo, J. (2014). Mindfulness Revisited: A Buddhist-Based Conceptualization. Journal of Management Inquiry, 24(1), 3-24.

Raes, F., Pommier, E., Neff, K. D., & Gucht, D. V. (2011). Construction and factorial validation of a short form of the Self-Compassion Scale. Clinical Psychology & Psychotherapy, 18(3), 250-255.

Raffone, A., Tagini, A., & Srinivasan, N. (2010). MINDFULNESS AND THE COGNITIVE NEUROSCIENCE OF ATTENTION AND AWARENESS. Zygon®, 45(3), 627-646.

RainesEudy, R. (2000). Using Structural Equation Modeling to Test for Differential Reliability and Validity: An Empirical Demonstration. Structural Equation Modeling A Multidisciplinary Journal, 7(1), 124-141.

Remmers, C., Topolinski, S., & Koole, S. L. (2016). Why Being Mindful May Have More Benefits Than You Realize: Mindfulness Improves Both Explicit and Implicit Mood Regulation. Mindfulness, 7(4), 829-837.

Renshaw, T. L. (2016). Screening for Psychological Inflexibility: Initial Validation of the Avoidance and Fusion Questionnaire for Youth as a School Mental Health Screener. Journal of Psychoeducational Assessment.

Reynolds , S. J., & Ceranic, T. L. (2007). The effects of moral judgment and moral identity on moral behavior: an empirical examination of the moral individual. J Appl Psychol, 92(6), 1610-1624.

Reynolds, S. J., & Ceranic, T. L. (2007). The effects of moral judgment and moral identity on moral behavior: an empirical examination of the moral individual. J Appl Psychol, 92(6), 1610-1624.

Rholes, & W., S. (2006). Avoidant attachment and the experience of parenting. Pers Soc Psychol Bull, 32(3), 275-285.

Richard, C., Yang, J., Song, N., Du, F., & Zhang, K. (2016). Psychometric Evaluation of Chinese-Language 44-Item and 10-Item Big Five Personality Inventories, Including Correlations with Chronotype, Mindfulness and Mind Wandering. Plos One, 11(2), e0149963.

Rigby, C. S., Schultz, P. P., & Ryan, R. M. (2014). Mindfulness, interest-taking, and self-regulation. The Wiley Blackwell handbook of mindfulness, 216-235.

Ringstrom, P. (2003). Psychoanalysis and Buddhism: Two Extraordinary Paths to an Ordinary Mind. Psychoanalysis and Buddhism: An Unfolding Dialogue. Ed. Jeremy Safran. Boston, MA: Wisdom, 286-292.

Robins, R. W., & John, O. P. (1997). The quest for self-insight: Theory and research on accuracy and bias in self-perception. Handbook of Personality Psychology, 649-679.

Roemer, L., Williston, S. K., & Rollins, L. G. (2015). Mindfulness and emotion regulation. Current Opinion in Psychology, 3, 52-57. https://doi.org/https://doi.org/10.1016/j.copsyc.2015.02.006

Roger, C. R. (1951). Client-centered therapy: Its current practice, implications and theory. Houghton Mifflin.

Rogers, & Ransom, C. (1961). On Becoming a Person : A Therapist'sViev of Psychotherapy. Personne Houghton Mifflin Company.

Rogers, C. R. (1977). Carl Rogers on personal power. Carl Rogers on Personal Power.

Rong Xing, Sun Bing-hai, Huang Xiao-zhong, Cai Min-ying, & Wei-jian, L. (2010). Reliabilities and Validities of Chinese Version of Interpersonal Reactivity Index. Chinese Journal of Clinical Psychology, 18(2), 158-161.

Rosenbaum, R. (2009). Empty mindfulness in humanistic psychotherapy. Humanistic Psychologist, 37(37), 207-221.

Roth, B., & Robbins, D. (2004). Mindfulness-based stress reduction and health-related quality of life: findings from a bilingual inner-city patient population.

Psychosomatic Medicine, 66(1), 113-123.

Rubin, J. B. (1996). Psychoanalysis and Buddhism. In Psychotherapy and Buddhism (pp. 155-188). Springer.

Rubin, J. B. (2013). Psychotherapy and Buddhism: Toward an integration. Springer Science & Business Media.

Ryan, R. M., & Rigby, C. S. (2015). did the buddha Have a self? Handbook of mindfulness: Theory, research, and practice, 245.

Ryff, C. D. (1989). Happiness is everything, or is it? Exporations on the meaning of psychological Well-being. Journal of Personality & Social Psychology, 57(6), 1069-1081.

Sahdra, B., Ciarrochi, J., & Parker, P. (2015). Nonattachment and mindfulness: Related but distinct constructs. Psychological assessment, 28(7).

Sahdra, B. K., Ciarrochi, J., Parker, P. D., Marshall, S., & Heaven, P. (2015). Empathy and nonattachment independently predict peer nominations of prosocial behavior of adolescents. Frontiers in psychology, 6, 263.

Sahdra, B. K., Shaver, P. R., & Brown, K. W. (2010). A scale to measure nonattachment: a Buddhist complement to Western research on attachment and adaptive functioning. J Pers Assess, 92(2), 116-127. https://doi.org/10.1080/00223890903425960

Sahdra, B. K., Shaver, P. R., & Brown, K. W. (2010). A Scale to Measure Nonattachment: A Buddhist Complement to Western Research on Attachment and Adaptive Functioning. Journal of Personality Assessment, 92(2), 116-127.

Sajjadi, M. s., & Mousavi-Nasab, M. H. (2014). The Role of Big Five Personality Factors in Predicting Mindfulness and Subjective Well-being: Direct and Indirect Effects [Research]. Journal of Research in Psychological Health, 8(3), 1-10. http://rph.khu.ac.ir/article-1-2223-en.html

Sample, J., & Warland, R. (1973). Attitude and Prediction of Behavior. Social Forces, 51(3), 292-304.

Santorelli, S. F., Ed., D., & Kabat-Zinn, J. (2013). Mindfulness-Based Stress Reduction (MBSR) Professional Education and Training.

Sartre, J. P. (1946). L'existentialisme est un humanisme / Jean-Paul Sartre. (140), 571-573.

Saslow, L. R., John, O. P., Piff, P. K., Willer, R., Wong, E., Impett, E. A., Kogan, A., Antonenko, O., Clark, K., & Feinberg, M. (2013). The social significance of spirituality: New perspectives on the compassion–altruism relationship. Psychology of Religion & Spirituality, 5(3), 201.

Sauer, S. E., & Baer, R. A. (2012). Ruminative and mindful self-focused attention in borderline personality disorder. Personality Disorders, 3(4), 433.

Scavone, A. (2017). Are Normally-Distributed Dark Triad Traits Associated with Trait Mindfulness in University Students? Electronic Theses and Dissertations. 6014.

Schmalz, J. E., & Murrell, A. R. (2010). Measuring experiential avoidance in adults: The Avoidance and Fusion Questionnaire. International Journal of Behavioral Consultation & Therapy, 6(3), 198-213.

Schmidt, S. (2014). Opening Up Meditation for Science: The Development of a Meditation Classification System. Springer International Publishing.

Schneider, K. J. (2002). The Handbook of Humanistic Psychology. Sage Publications, Inc.

Schneider, K. J., & May, R. (1995). The psychology of existence: An integrative, clinical perspective. Psychotherapy Theory Research Practice Training(3), 431.

Schoenleber, M., Roche, M. J., Wetzel, E., Pincus, A. L., & Roberts, B. W. (2015). Development of a brief version of the Pathological Narcissism Inventory. Psychol Assess, 27(4), 1520-1526.

Schutte, N. S., & Malouff, J. M. (2011). Emotional intelligence mediates the relationship between mindfulness and subjective well-being. Personality & Individual Differences, 50(7), 1116-1119.

Schwartz, J., & Beyette, B. (1997). Brain lock : free yourself from obsessive-compulsive behavior : a four-step self-treatment method to change your brain chemistry.

Segal, Z. V., Williams, J. M. G., Teasdale, J. D., & Kabatzinn, J. (2005). Mindfulness-Based Cognitive Therapy for Depression.

Seligowski, A. V., Miron, L. R., & Orcutt, H. K. (2014). Relations Among Self-Compassion, PTSD Symptoms, and Psychological Health in a Trauma-Exposed Sample. Mindfulness, 6(5), 1-9.

Senauke, A. (2013). Wrong mindfulness: An interview with Hozan Alan Senauke. In.

Serfaty, S., Gale, G., Beadman, M., Froeliger, B., & Kamboj, S. K. (2018). Mindfulness, Acceptance and Defusion Strategies in Smokers: a Systematic Review of Laboratory Studies. Mindfulness, 9(1), 1-15.

Shafran, R., Cooper, Z., & Fairburn, C. G. (2002). Clinical perfectionism: a cognitive-behavioural analysis. Behav Res Ther, 40(7), 773-791.

Shapiro, Carlson, Astin, & Freedman. (2006). Mechanisms of mindfulness. Journal of clinical psychology, 62(3), 373–386.

Shapiro, S. L., Carlson, L. E., Astin, J. A., & Freedman, B. (2006). Mechanisms of mindfulness. Journal of clinical psychology, 62(3), 373-386.

Shapiro, S. L., Carlson, L. E., Astin, J. A., & Freedman, B. (2010). Mechanisms of Mindfulness. Journal of clinical psychology, 62(3), 373-386.

Shonin, E., Van, G. W., & Griffiths, M. D. (2013). Buddhist philosophy for the treatment of problem gambling. Journal of Behavioral Addictions, 2(2), 63-71.

Shoukri, M.M, Asyali, M.H, & Donner. (2004). Sample size requirements for the design of reliability study: Review and new results. Statistical Methods in Medical Research, 13(4), 251-271.

Siegel, D. J. (2007). The Mindful Brain.

Siegel, D. J. (2009). Mindful awareness, mindsight, and neural integration. Humanistic Psychologist, 37(2), 137-158.

Siegel, D. J., & Callen, B. (2008). A Review of: "The Mindful Brain". Issues in Mental Health Nursing, 29(6), 675-676.

Siegling, A. B., & Petrides, K. V. (2014). Measures of trait mindfulness: Convergent validity, shared dimensionality, and linkages to the five-factor model. Frontiers in psychology, 5(5), 1164-1164.

Simpson, J. A., Collins, W. A., Tran, S. S., & Haydon, K. C. (2007). Attachment and the experience and expression of emotions in romantic relationships: a developmental perspective. J Pers Soc Psychol, 92(2), 355-367.

Sleeth, D. B. (2007). The self system: Toward a new understanding of the whole person (Part 2). Humanistic Psychologist, 35(1), 27-43.

Smith, R. (2017). A neuro-cognitive defense of the unified self. Consciousness & Cognition, 48, 21-39.

Sparks, J. R. (2015). A social cognitive explanation of situational and individual effects on moral sensitivity. Journal of Applied Social Psychology, 45(1), 45-54. https://doi.org/10.1111/jasp.12274

Spinelli, E. (2013). Practising Existential Psychotherapy. Sage, 37(1), 86-87.

Stanley, S. (2012). Mindfulness: Towards A Critical Relational Perspective. Social & Personality Psychology Compass, 6(9), 631–641.

Stillman, C. M., Feldman, H., Wambach, C. G., Jr, H. J., & Howard, D. V. (2014). Dispositional mindfulness is associated with reduced implicit learning. Consciousness & Cognition, 28(1), 141-150.

Sui, J., & Gu, X. (2017). Self as Object: Emerging Trends in Self Research.

Trends in Neurosciences.

Suler, J. R. (1993). Contemporary psychoanalysis and Eastern thought. State University of New York Press.

Supervisor, R. C. M., & Kormi-Nouri, R. (2009). Are Metacognition and Mindfulness related concepts? School of Law Psychology & Social Work.

Tabachnick, B. G., & Fidell, L. S. (2007). Using multivariate statistics (5th ed.). Journal of clinical psychopharmacology, 2(6).

Talpsep, T. (2015). Measuring mindfulness and self-compassion: a questionnaire and ERP study.

Tang, Y. Y., Holzel, B. K., & Posner, M. I. (2015). The neuroscience of mindfulness meditation. Nat Rev Neurosci, 16(4), 213-225. https://doi.org/10.1038/nrn3916

Tang, Y. Y., Lu, Q., Geng, X., Stein, E. A., Posner, M. I., & Yang, Y. (2010). Short-term meditation induces white matter changes in the anterior cingulate. Proceedings of the National Academy of Sciences of the United States of America, 107(35), 15649-15652.

Teasdale, J. D., Segal, Z. V., Williams, J. M., Ridgeway, V. A., Soulsby, J. M., & Lau, M. A. (2000). Prevention of relapse/recurrence in major depression by Mindfulness-based Cognitive Therapy. Journal of Consulting & Clinical Psychology, 68(4), 615-623.

Teper, R., Segal, Z. V., & Inzlicht, M. (2013). Inside the mindful mind: How mindfulness enhances emotion regulation through improvements in executive control. Current Directions in Psychological Science, 22(6), 449-454.

Terry-Short, L. A., Owens, R. G., Slade, P. D., & Dewey, M. E. (1995). Positive and negative perfectionism. Personality & Individual Differences, 18(5), 663-668.

Thompson, C. (2009). Existential Psychotherapy. I. D. Yalom, New York: Basic Books, 1980, pp. 524, £9.25. Behavioural Psychotherapy, 10(2), 213.

Thrash, T. M., & Elliot, A. J. (2002). Implicit and self - attributed achievement motives: Concordance and predictive validity. Journal of Personality, 70(5), 729-756.

Titmuss, C. (2013). The Buddha of mindfulness. The politics of mindfulness. In: Retrieved from htt p://christophertitmuss. org/blog.

Tomlinson, E. R., Yousaf, O., Vittersø, A. D., & Jones, L. (2018). Dispositional Mindfulness and Psychological Health: a Systematic Review. Mindfulness, 9(1), 1-21.

Travis, F., Olson, T., Egenes, T., & Gupta, H. K. (2001). Physiological patterns during practice of the Transcendental Meditation technique compared with patterns while reading Sanskrit and a modern language. International journal of Neuroscience, 109(1-2), 71-80.

Trompetter, H. R., De, K. E., & Bohlmeijer, E. T. (2017). Why Does Positive Mental Health Buffer Against Psychopathology? An Exploratory Study on Self-Compassion as a Resilience Mechanism and Adaptive Emotion Regulation Strategy. Cognitive Therapy & Research, 41(3), 1-10.

Twenge, J., & Campbell, K. (2009). The narcissism epidemic: Living in the age of entitlement. Simon and Schuster.

Uddin, L. Q., Iacoboni, M., Lange, C., & Keenan, J. P. (2007). The self and social cognition: the role of cortical midline structures and mirror neurons. Trends in cognitive sciences, 11(4), 153–157.

V. Segal, Z., M. Williams, J., D. Teasdale, J., & M. Gemar. (1996). A cognitive science perspective on kindling and episode sensitization in recurrent affective disorder. Psychological Medicine, 26(2), 371.

Vaccarino, V., Goldberg, J., Rooks, C., Shah, A. J., Veledar, E., Faber, T. L., Votaw, J. R., Forsberg, C. W., & Bremner, J. D (2013). Post-Traumatic Stress Disorder and Incidence of Coronary Heart Disease. Journal of the American College of Cardiology.

Vago, D. R., & David, S. A. (2012). Self-awareness, self-regulation, and self-transcendence (S-ART): a framework for understanding the neurobiological mechanisms of mindfulness. Frontiers in human neuroscience, 6, 296.

Van Dam, N. T., Sheppard, S. C., Forsyth, J. P., & Earleywine, M. (2011). Self-compassion is a better predictor than mindfulness of symptom severity and quality of life in mixed anxiety and depression. 25(1), 123-130.

van den Hurk, P. A., Wingens, T., Giommi, F., Barendregt, H. P., Speckens, A. E., & van Schie, H. T. (2011). On the relationship between the practice of mindfulness meditation and personality—an exploratory analysis of the mediating role of mindfulness skills. Mindfulness, 2(3), 194-200.

Vazire, S. (2010). Who knows what about a person? The self-other knowledge asymmetry (SOKA) model. Journal of Personality & Social Psychology, 98(2), 281-300.

Vazire, S., & Carlson, E. N. (2010). Self - Knowledge of Personality: Do People Know Themselves? Social & Personality Psychology Compass, 4(8), 605-620.

Veneziani, C. A., Fuochi, G., & Voci, A. (2017). Self-compassion as a healthy attitude toward the self: Factorial and construct validity in an Italian sample. Personality & Individual Differences, 119, 60-68.

Wadlinger, H. A., & Isaacowitz, D. M. (2011). Fixing our focus: Training attention to regulate emotion. Pers Soc Psychol Rev, 15(1), 75-102.

Wai, M., & Tiliopoulos, N. (2012). The affective and cognitive empathic nature of the dark triad of personality. Personality & Individual Differences, 52(7), 794-799.

Walton, K. G., Pugh, N. D., Gelderloos, P., & Macrae, P. (1995). Stress reduction and preventing hypertension: preliminary support for a psychoneuroendocrine mechanism. The journal of alternative and complementary medicine, 1(3), 263-283.

Wang, S. Y., Wong, Y. J., & Yeh, K. H. (2016). Relationship Harmony, Dialectical Coping, and Nonattachment: Chinese Indigenous Well-Being and Mental Health. The Counseling Psychologist, 44(1).

Watkins, E. R. (2008). Constructive and Unconstructive Repetitive Thought. Psychological bulletin, 134(2), 163-206.

Watts, A. (1957). The way of Zen. Annals of Internal Medicine(12Part1), 1028.

Wayment, H. A., Bauer, J. J., & Sylaska, K. (2014). The Quiet Ego Scale: Measuring the Compassionate Self-Identity. Journal of Happiness Studies, 16(4), 1-35.

Weinstein, N., Brown, K. W., & Ryan, R. M. (2009). A multi-method examination of the effects of mindfulness on stress attribution, coping, and emotional well-being. Journal of Research in Personality, 43(3), 374-385.

Wells, A. (2000). Emotional disorders and metacognition: Innovative cognitive therapy. Journal of Psychiatric & Mental Health Nursing, 9(2), 246–247.

Wendling, H. M. (2012). The relation between psychological flexibility and the Buddhist practices of meditation, nonattachment, and self-compassion. Dissertations & Theses - Gradworks.

Williams, J. C., & Lynn, S. J. (2010). Acceptance: An Historical and Conceptual Review. Imagination Cognition & Personality, 30(1), 5-56.

Wilson, T. D. (2009). Know Thyself. Perspectives on Psychological Science, volume 4(4), 384-389(386).

Wilson, T. D., & Dunn, E. W. (2004). Self-knowledge: its limits, value, and potential for improvement. Annu Rev Psychol, 55(1), 493-518.

Wink, P., & Dillon, M. (2013). Religion, Spirituality, and Personal Wisdom: A Tale of Two Types. In The Scientific Study of Personal Wisdom (pp. 165-189). Springer.

Wolgast, M. (2014). What does the Acceptance and Action Questionnaire (AAQ-II) really measure? Behavior Therapy, 45(6), 831-839.

Woodruff, S. C., Glass, C. R., Arnkoff, D. B., Crowley, K. J., Hindman, R. K., & Hirschhorn, E. W. (2014). Comparing Self-Compassion, Mindfulness, and Psychological Inflexibility as Predictors of Psychological Health. Mindfulness, 5(4), 410-421.

Xiao, Q., Yue, C., He, W., & Yu, J. (2017). The Mindful Self: A Mindfulness-Enlightened Self-view. Frontiers in psychology, 8, 1752.

Yang, X., & Mak, W. W. S. (2016). The Differential Moderating Roles of Self-Compassion and Mindfulness in Self-Stigma and Well-Being Among People Living with Mental Illness or HIV. Mindfulness, 1-8.

Yontef, G. (1983). The self in Gestalt therapy: Reply to Tobin. 55-70.

Yu, M., & Clark, M. (2015). Investigating Mindfulness, Borderline Personality Traits, and Well-Being in a Nonclinical Population. Psychology, 06(10), 1232-1248.

Zeng, X., Tian, P. S. O., Ye, Y., & Liu, X. (2015). A Critical Analysis of the Concepts and Measurement of Awareness and Equanimity in Goenka's Vipassana Meditation. Journal of Religion and Health, 54(2), 399-412.

Zheng, X. (2015). A Comparative Study of Self-conception in Psychanalysis and the Buddhism [精神分析与佛学自我观的比较研究], Master thesis, Religious Studies, Anhui University, Hefei, Anhui, China 2014.

Zhong, C. B., Strejcek, B., & Sivanathan, N. (2010). A clean self can render harsh moral judgment. Journal of Experimental Social Psychology, 46(5), 859-862.

Zhuang, K., Bi, M., Li, Y., Xia, Y., Guo, X., Chen, Q., Du, X., Wang, K., Wei, D., & Yin, H. (2017). A distinction between two instruments measuring dispositional mindfulness and the correlations between those measurements and the neuroanatomical structure. Scientific Reports, 7(1), 6252.

Zigmond, A. S., & Snaith, R. P. (1983). The hospital anxiety and depression scale (HADS). Acta Psychiatrica Scandinavica, 67(6), 361-370.

Zysset, S., Huber, O., Ferstl, E., & von Cramon, D. Y. (2002). The anterior frontomedian cortex and evaluative judgment: an fMRI study. Neuroimage, 15(4), 983-991.

布勒 . 人本主义心理学导论 . 北京：华夏出版社，1990.

曹静、吉阳、祝卓宏 .（2013）.接纳与行动问卷第二版中文版测评大学生的信效度 .中国心理卫生杂志，27（11），873—877.

曾晓强 .（2012）.大学生道德认同、亲社会行为及影响因素研究 .重庆工商大学学报：社会科学版（04），155—161.

车文博 .（1999）.人本主义心理学评价新探 .心理学探新，19（1），4—15.

陈兵 .（2007）.无我观与自我意识的建立 .法音（12），6—13.

陈兵 .佛教禅学与东方文明 .北京：中国时代经济出版社，2008.

陈寒 .（2014）.当代大学生社会焦虑及其影响因素研究——以厦门大学为例 .西南交通大学学报（社会科学版）（5），73—83.

陈琳 .（2013）.以己为景和正念录音训练对大学生心理灵活性和情绪的影响 [哈尔滨工程大学].

陈思佚、崔红、周仁来、贾艳艳 .（2012）.正念注意觉知量表（MAAS）的修订及信效度检验 .中国临床心理学杂志，20（2），148—151.

陈潇、江琦、侯敏、朱梦音，（2014）.具身道德：道德心理学研究的新取向 .心理发展与教育，30（006），664—672.

陈燕、赵晨鹰 .（2009）.两种自我保护机制：记忆忽视和自我免疫 .心理科学进展，17（2），384—389.

程科、黄希庭 .（2009）.健全人格取向的大学生心理健康结构初探 .心理科学（3），514—516.

戴吉 .（2013）.悦纳进取的理论构建与实证研究 [中南大学].

戴震 .原善 .上海：古籍出版社，1956.

当代中国人的择偶偏好及其影响因素 .（2007）.[华中师范大学].

邓球柏 .（2001）.孔孟的人格论——三大德（仁智勇）与大丈夫 .哲学研究（12），50—55.

丁福保 .（2015）.佛学大辞典 .下 .上海：上海书店出版社 .

东振明、孙芳、刘兴华 .（2016）.正念体悟疗法干预 9 例强迫症效果报告 .中国健康心理学杂志（1），17—22.

段文杰 .（2014）.正念研究的分歧：概念与测量 .心理科学进展（10），1616—1627.

方东美 .（2009）.中国哲学之精神及其发展 .郑州：中州古籍出版社 .2009.

方立天 .（2004）.中国佛教慈悲理念的特质及其现代意义 .文史哲（4），62—62.

费定舟、马言民 .（2017）.完美主义真的"完美"吗？——完美主义综述 .中国临床心理学杂志（3），566—571.

郭本禹 .（2007）.百年历程：精神分析运动的整合逻辑 .南京师大学报（社

会科学版），2007（5），91—96.

郭本禹、陈巍．（2012）．中国精神分析理论研究的进展．社会科学战线（9），28—32.

郭丰波、张振、原胜、敬一鸣、王益文．（2016）．自恋型人格的理论模型与神经生理机制．心理科学进展，24（8），1246—1256.

何丽艳．（2014）．亲社会行为的道德认同培育．人民论坛：中旬刊，（003），P.225—227.

何群群、丁道群．（2007）．马斯洛人本主义心理学与中国道家思想．心理学探新，27（1），8—11.

胡洁．（2017）．当代中国青年社会心态的变迁、现状与分析．中国青年研究（12），85—89.

黄雨田、汪凤炎．（2013）．《周易》论君子的人格素养及其形成途径心理学探新，033（002），99—104.

贾题韬．（1990a）．论开悟 第十二讲 禅宗的开悟（三）．法音（3），29—31.

贾题韬．（1990b）．论开悟 第十二讲 禅宗的开悟（三）．法音（3），3.

姜巧玲、贺革、徐远超．（2009）．大学新生心理普查模式探新——UPI、SCL—90和EPQA相结合运用于两届新生心理普查的状况分析．长沙大学学报，23（1），140—142.

姜镇英．（2000）．冥想训练对美国中学游泳选手训练后的焦虑、心境状态及心率恢复的影响．体育科学，20（6），66—74.

金景芳．《周易·系辞传》新编详解．沈阳：辽海出版社，1998.

钟建安、张光曦 进化心理学的过去和现在．（2005）．心理科学进展，13（5），694—703.

卡巴金、雷叔云（译）．（2009）．正念：身心安顿的禅修之道．海口：海南出版社，2009.

克莱因．（2016）．儿童精神分析．北京：世界图书出版公司，2016.

拉康．（2001）．拉康选集（精）．上海：生活·读书·新知三联书店上海分店，2001.

蓝吉富．（1994）．中华佛教百科全书．上海：上海古籍出版社，1994.

乐国安、陈浩、张彦彦．（2005）．进化心理学择偶心理机制假设的跨文化检验——以天津、Boston两地征婚启事的内容分析为例．心理学报，37（4），561—568.

黎岳庭、王旻．（2010）．中国古代道家人本主义思想——丰富和发展21世纪的人格和咨询心理学理论．心理学探新，30（5），3—10.

李耳.（2013）.老子.庄子（中华经典藏书）.昆明：云南人民出版社，2013.

李俊萱.（2018）.正念对道德判断厌恶具身效应的调节作用 宁波大学.

李硕硕、刘谦东、袁增强.（2017）.创伤后应激障碍生物学基础及治疗研究进展.中国药理学与毒理学杂志，v.31（12），62—70.

李欣.（2011）.禅宗人格结构探析、测量及其与主观幸福感的相关研究 苏州大学.

李银河.（1989）.当代中国人的择偶标准.中国社会科学（4），61—74.

廖建平.（1995）.中庸：儒家君子人格的最高境界.衡阳师范学院学报（4），76—80.

廖名春.（2008）.帛书《周易》论集.上海：上海古籍出版社，2008.

铃木大拙.（2012）.铃木大拙禅学入门.海南：海南出版社，1988.

铃木大拙、王雷泉、冯川.（1988）.禅宗与精神分析.贵阳：贵州人民出版社，1988.

刘佳明、郑发祥.（2013）.佛教自我观：假我、无我与真我的统一.宜宾学院学报，13（9），34—38.

刘可.（2010）.如何进行内容效度的检验.护士进修杂志，25（1），37—39.

刘冉、张海燕.（2011）.论后现代主义心理学取向的社会建构性特征.东南大学学报（哲学社会科学版）（s2），17—20.

陆建华.（2021）.道心与人心：论老子的心灵哲学.吉林师范大学学报：人文社会科学版，49（4），6.

罗安宪.（2013）.庄子"吾丧我"义解.哲学研究（6），9.

马伟军、冯睿、席居哲、陈滢滢、梅凌婕.（2015）."差序格局"的心理学记忆视角的初步验证.心理学探新，v.35;No.150（06），35—40.

彭彦琴、江波、杨宪敏.（2011）.无我：佛教中自我观的心理学分析.心理学报，43（2），213—220.

彭彦琴、江波、杨宪敏.（2013）.无我 佛教中自我观的心理学分析.社会科学文献出版社.

彭彦琴、沈建丹.（2012）.自悯与佛教慈悲观的自我构念差异.心理科学进展，20（9），1479—1486.

秦平.（2017）.析论老子的"恍惚"之道.周易研究（1），7.

任俊、黄璐、张振新.（2010）.基于心理学视域的冥想研究.心理科学进展，18（5），857—864.

任俊、黄璐、张振新.（2012）.冥想使人变得平和——人们对正、负性情绪图片的情绪反应可因冥想训练而降低.心理学报，44（10），1339—1348.

萨弗兰.（2012）.精神分析与佛学：展开的对话.上海：东方出版中心，2012.

圣严法师.（2004）."八正道"详解.讲于纽约东初禅寺，姚世庄整理. https://doi.org/http://fo.sina.com.cn/intro/basic/2013—09—12/104312911.shtml

石林、李睿.（2011）.正念疗法：东西方心理健康实践的相遇和融合.中国临床心理学杂志（04），566—568+565.

孙平、郭本禹.（2015）.存在主义心理学最新发展——英国学派心理治疗观解析.安徽师范大学学报（人文社科版），43（4），492—498.

涂阳军、郭永玉.（2014）.道家人格的测量.心理学探新，34（4），5.

宛燕、郑雪、余欣欣.（2010）.SWB 和 PWB：两种幸福感取向的整合研究.心理与行为研究，08（3），190—194.

汪芬、黄宇霞.（2011）.正念的心理和脑机制.心理科学进展，19（11），1635—1644.

汪凤炎、郑红.（2008）.孔子界定"君子人格"与"小人人格"的十三条标准.道德与文明，000（004），46—51.

王弼注.（2008）.老子道德经注校释.老子道德经注校释.

王国良.（2015）.儒家君子人格的内涵及其现代价值.武汉科技大学学报：社会科学版（02），140—146.

王鸿、刘汉利.（2014）.道德认同视角下的亲社会行为培养研究.前沿，000（1），50—52.

王敬欣.（2001）.人本主义人格理论中的"自我"观.太原师范学院学报（社会科学版）（2），60—63.

王小章.（2015）.论焦虑——不确定性时代的一种基本社会心态.浙江学刊（1）.

王新民.（2006）.儒道自我观的比较.南都学坛：南阳师范学院人文社会科学学报，26（005），39—40.

王舟、卞茜.（2011）.世界卫生组织五项身心健康指标在识别高中生抑郁障碍中的信效度.中国心理卫生杂志，25（4），279—283.

威廉姆斯，蒂斯代尔，西格尔，童慧琦，张娜.译.（2015）.穿越抑郁的正念之道.北京：机械工业出版社.2015.

惟海.五蕴心理学.北京：宗教文化出版社.2006.

魏新东.（2017）.儒家自我心理学研究.南京师范大学.

温忠麟、叶宝娟.（2011）.测验信度估计：从 α 系数到内部一致性信度.心理学报，43（7），821—829.

吴明隆 2012. 结构方程模型：SIMPLIS 的应用. 重庆：重庆大学出版社.

吴小勇.（2012）. 不同视角自我参照加工的认知及神经机制研究. 西南大学 博士论文（未发表）.

肖长根、蒋怀滨、郑婉丽、张晓婷.（2016）. 积极完美主义对焦虑抑郁的调节效应. 中华行为医学与脑科学杂志, 25（6）, 552—555.

熊韦锐、于璐.（2010）. 禅宗心性学说中的心理治疗思想探究. 心理学探新, 30（2）, 7—10.

熊韦锐、于璐.（2011）. 正念疗法——一种新的心理治疗方法. 医学与社会（01）, 89—91.

许思安、张积家.（2010）. 儒家君子人格结构探析. 教育研究, 000（008）, 90—96.

玄奘. 成唯识论. 上海：上海古籍出版社.1995.

杨国荣.（2021）. 何为道——老子的视域. 孔子研究,（2）:5-15.

杨寿堪.（2019）. 论老子"道"的几个问题. 湖南社会科学（1）, 6.

杨帅、黄希庭、傅于玲.（2012）. 内侧前额叶皮质——"自我"的神经基础. 心理科学进展, 20（6）, 853—862.

姚德雯、贾丽、刘革.（2017）. 认知情绪调节问卷维文版在医学院校大学生中的信效度研究. 海南医学, 28（6）, 994—996.

叶浩生.（1991）. 存在主义心理学的理论及其特征. 南京师大学报（社会科学版）（1）, 62—67.

尹可丽、何嘉梅.（2012）. 简版心理健康连续体量表（成人版）的信效度. 中国心理卫生杂志, 26（5）, 388—392.

翟向阳.（2010）. 少林禅修的脑电特异性研究 [D]. 北京：北京中医药大学, 129.

张力、周天罡、张剑、刘祖祥、范津、朱滢.（2005）. 寻找中国人的自我：一项 fMRI 研究. 中国科学 C 辑：生命科学, 05, 91—97.

张琼.（1992）. 论孔子自我观. 福建论坛：人文社会科学版,（1）:50-54.

张维晨、吉阳、李新、郭慧娜、祝卓宏.（2014）. 认知融合问卷中文版的信效度分析. 中国心理卫生杂志, 28（1）, 40—44.

赵守盈. 层面理论原理、方法与应用. 北京：北京师范大学出版社.2010.

赵小群.（2013）. 转型期大学生社会焦虑现象的多维成因探究. 史志学刊（4）, 153—155.

赵舒禾、陈秉华.（2013）. 不执着量表在台湾之中文化信、效度分析及其与心理健康之关系. 教育心理学报, 45（45:1）, 121—139.

郑皓元.（2017）. 中国人"差序格局"观的关系自我参照效应 广州大学.

郑小璐.（2014）.精神分析与佛学自我观的比较研究 [安徽大学].

周浩、龙立荣.（2004）.共同方法偏差的统计检验与控制方法.心理科学进展，12（6），942—950.

周洁.（2014）.正念冥想缓解高中生心理压力的应用研究 [硕士，西北师范大学].

周鹏.（2015）.离身与具身自我的神经机制.才智（9）.（9）:358-359.

周晓虹.（2014）.焦虑：迅疾变迁背景下的时代症候.江苏行政学院学报（6），56-59.

周雪婷.（2012）.父母教养方式、大学生完美主义与心理健康的关系研究 [中南大学].

周雪婷、吴思遥、朱虹、张斌、蔡太生.（2014）.大学生完美主义对负性情绪的影响：应激的调节作用.中国临床心理学杂志，22（2），341—343.

朱浩.（2011）."自我实现"与"无我之境"——人本主义心理治疗与禅宗自我观之比较.宿州学院学报，26（4），34—36.

朱熊兆、罗伏生、姚树桥，Randy, P. A., & John, R. Z. A.（2007）.认知情绪调节问卷中文版（CERQ—C）的信效度研究.中国临床心理学杂志，15（2），121—124.

朱滢、张力.（2001）.自我记忆效应的实验研究.中国科学（C 辑：生命科学），06，59—65.

邹晓燕、杨丽珠、张秀春.（2003）.后现代主义思潮影响下的自我研究.心理学探新，23（2），20—22.